KB195256

아빠는 사실 육아가 싫다

작가의 고유의 글맛을 살리기 위해

한글 맞춤법에 안 맞는

일부 표현을 수정하지 않았습니다

아빠는 사실 육아가 싫다

임형석 지음

마음세상

# 위선의 육아를 멈추자
# 진짜 육아가 시작됐다

**아이는 아빠보다 아량이 넓다.**

　아빠는 사실 육아가 싫었다. 그렇다고 싫은 티 팍팍 내는 성격의 소유자도 아니었다. 기왕 이렇게 된 거 아, 몰라! 남들 하는 만큼만 하자며 별스럽지 않게 육아는 시작됐다. 하지만 홀로 마주한 육아는 별스러웠다.

　육아는 아이 앞에 숨기고 싶던 아빠 자신을 소환시켰다. 그러자 왠지 모를 천 불, 만 불이 끓고 내뱉지 못한 한숨이 한으로 변해 갔다. 자기 시간을 마음껏 누리지 못하는 상황에 화를 내다가 다시 우울해지는 일상이 육아란 걸 아빠는 미처 알지 못했다.

한순간 육아가 죽을 맛으로 변한 이유를 아빠는 도통 알 수 없었다. 분주하고 정신없지만, 웃고 약간 들뜬 기분이 행복이라 생각한 아빠였다.

그래, 난 행복해! 아내도 주변에서도 잘한다고 하잖아! 아빠는 남의 시선이 중요했다. 그렇게 스스로 눈을 가리고 귀를 막았다. 뭔가 이상하다고 느꼈지만, 진실과 마주할 용기가 나지 않았다.

돌잔치가 아빠에겐 큰 전환점이었다. 당신, 육아 싫잖아! 하는 마음의 소리가 화살처럼 귀에 꽂혔다. 아빠도 이제는 웃는 가면 뒤 울고 있는 자신과 마주해야 했다.

지금 행복하지 않다는 사실은 생각보다 아팠다. 그런데 아빠 자신보다 먼저 아빠 마음을 알아챈 사람이 있었다. 겉으론 착한 아빠, 성실한 아빠도 절대 속일 수 없는 사람. 바로 아이였다.

아이는 오묘한 눈빛으로 아빠, 그래도 다 보여요! 하고 있었다. 하지만 원망하거나 비난하는 게 아니라 오히려 용서하고 있었다. 아이는 아빠보다 아량이 넓었다. 아빠는 이해할 수 없지만, 용서받은 사람이었다.

**남 탓하는 아빠는 초라하다.**

아이 눈과 마주친 아빠는 부끄러웠다. 육아하는 사람이라면 아이를 봐야 하는데 눈엔 자신뿐이었다. 게다가 육아와 관련된 모든 문제의 원인과 그 답을 아빠는 다른 곳에서 찾고 있었다.

아빠는 자신을 둘러싼 상황과 환경, 늘 모자란 시간과 자원 이 문제라고 생각했다. 이후에 알았지만, 남 탓하는 아빠보다 초라한 사람도 없었다.

아이 앞에 발가벗겨진 어른의 민낯은 참기 힘든 경험이었다. 무엇보다 힘을 다했다고 생각한 육아를 스스로 부정해야 한다는 사실이 괴로웠다. 하지만 아이러니하게도 이런 모진 현실이 자기 객관화의 기회가 되었다.

지금까지 해왔던 육아를 정리하면

1. 아빠는 아이 자체에 관심이 없었다. 대신 육아로 달라진 자기 상황과 기분이 제일 중요했다.

2. 그런 기분과 감정을 통제할 생각도 없었다. 그저 자신만 억울하고 불쌍하다고 생각했다.

3. 아빠는 육아가 힘들고 어려운 이유를 다른 것에서 찾았다. 돈과 정보와 도와줄 사람이 충분했다면 좋았겠다며 아쉬워했다. 하지만 육아 문제 대부분은 아빠가 육아하면 풀린다는 걸 그때는 알지 못했다.

4. 마지막으로 아빠에겐 아빠라는 사람의 정체성이 없었다. 정체성 없는 아빠의 육아는 금세 바닥을 보일 수밖에 없다.

아빠는 혼란스럽기 시작했다. 육아와 관련된 가장 기본적인 것에도 답할 수 없는 자신이 원망스러웠다. 하지만 진단이 내려진 이상 뭐라도 해야 했다. 그렇게 육아하기 위해 아니, 살기 위해 아빠는 달라져야 했다.

## 육아의 생기초와 입문 과정

육아의 기본기를 다져주는 말이 있다. 이를테면 육아 문제는 육아로만 풀 수 있다. 육아는 신이 준 갱생 프로그램이다. 육아는 사랑의 기술을 배우고 인생을 진하게 느끼게 하는 도구다. 육아는 아이의 디테일을 알아가는 과정이란 말이다.

그런데 이런 기본기는 직접 몸으로 겪을 때만 이해되고 자기 것으로 만들 수 있다. 아마도 이 점이 아무런 준비 없이 육아와 마주한 남자에게 좌절을 주는 대목이 아닌가 싶다.

육아를 몸으로 직접 겪어야 한다는 말은 어떤 과정을 거쳐야 함을 의미한다. 이를테면 육아는 남자가 아빠가 되는 과정이며 부모가 되는 과정인 것이다.

육아는 아빠라는 사람의 정체성이 자리 잡는 과정이다. 아빠는 한 단계 한 단계를 지나며 위선의 육아를 버리게 되며 자신이 누구인지 뭘 하는 사람인지 알게 된다. 육아에서 살아남을 방법을 찾게 되는 것이다. 그렇게 살아남은 아빠는 아빠의 유산을 남기게 된다. 사람마다 내용은 다르지만, 부모 누구나 이런 과정을 통과한 사람인 것 만은 분명한 것 같다.

## 아빠의 정체성이 필요한 이유

아빠는 위선의 육아를 버려야 한다. 그런데 이 가짜 육아를 멈추려면 아빠의 정체성이 필요하다. 남자는 육아의 과정을 통해 아빠의 정체성을 갖게 된다.

이미 아빠라는 정체성에 관해선 충분히 알고 있는데요! 말할 수 있다. 하지만 아는 것과 하는 것은 완전히 다른 이야기다. 육아는 몸으로만 가능한 성격의 일이다. 몸으로 육아할 때만 애착이 형성되고 아이의 디테일도 알 수 있다.

무엇보다 아빠의 정체성은 지속 가능한 육아에 필요하다. 발작 육아 대신 지속 가능한 육아로 나가려면 아빠의 정체성이 있어야 한다.

## 육아가 아빠에게 미치는 영향

아빠가 변하면 육아가 달라진다. 그런데 달라진 육아는 다시 아빠를 성장시키고 성숙하게 만든다. 육아를 제대로 하면 가슴이 불타오르는 열정을 경험하게 된다. 인생이 뒤집히는 사건이 바로 육아인 것이다.

어쩌면 이런 변화를 원하지 않을 수도 있다. 하지만 육아를 시작했다면 그렇게 될 가능성이 크다. 육아가 아빠 인생에 목적을 알게 하고 의미와 가치에 관해 질문하기 때문이다.

살면서 자신이 누구이고 뭘 해야 하는지 아는 사람만큼 행복한 사람도 없다고 생각하는데 육아가 그 답이 되어주는 것이다.

사람은 생명을 살리는 일을 통해서 인생의 의미와 가치를 경험한다고 한다. 어린아이를 기른다는 뜻의 육아는 그 자체가 생명을 살리는 일이다. 아빠는 이 생명을 살리는 일에 동참하고 있는 것이다. 육아하는 사람 누구나 다양한 모양으로 인생의 의미와 가치를 느끼고 경험하게 된다. 더구나 육아는 우리 자신을 알게 한다.

하지만 쉽게 쥐어지는 인생의 의미와 가치는 아니다. 죽을 만큼 힘든 대가를 치르고 얻는 육아의 의미도 있기 때문이다.

육아는 부모의 몸과 마음을 죽이는 것처럼 보여도 사실 살리고 있다. 보통 부모가 아이를 키운다고 생각하지만, 사실 아이가 부모를 성장시키고 성숙하게 하기 때문이다.

## 육아 정보가 아니라 자극이 필요한 사람에게

미루어보건대 지금 이 책을 읽고 있는 대부분은 엄마일 테고 지금쯤은 이거 육아 책이 맞아? 싶을지도 모르겠다. 그도 그럴 것이, 일단 이 책은 엄마를 위한 책이 아니다. 그렇다고 육아 정보나 방법에 관한 책도 아니기에 굳이 변명을 못 하겠다.

이 책은 육아를 자극하기 위한 책이다. 지금처럼 육아하면 안 된다고 말하는 책이며 지금에 안주하지 말고 더 잘할 수 있다고 등 떠미는 책이다. 아빠 삶의 우선순위가 아이와 육아로 바뀌어 더 괜찮은 부모가 될 수 있다고 말하는 책이다.

그렇다면 아빠가 읽어야 할 책을 왜 엄마가 읽고 있는 걸까? 짐작건대 남자 대부분은 아빠가 되는 과정 중에 있거나 그냥 남자로 남자! 결심한 사람들이다. 이런 남자는 육아 책까지 챙겨 볼 생각의 여유가 없다.

남자는 결혼과 아이를 성취하기에 바빠서 결혼보다 중요한 결혼생활과 출산보다 중요한 육아를 생각하지 못한다. 그래서 결혼생활부터 육아에 이르기까지 도움이 절실한 남자들이다.

저 인간이 저러는 이유가 있다는 아내의 측은지심이 아빠에겐 필요하다. 이 모자란 남자들을 부디 가엾게 봐주길 바란다. 이 책이 남자가 아빠가 되는 기적을 앞당겨 주리라 확신한다.

Prologue

## Part 1 가짜 육아 집어치우기

- - - - - - - - - - - - - - - - - - - - - - - - - - - - - - - - - - - - - -

# 가짜 육아
# 집어치우기

# 당신은 남자인가? 아빠인가?
## 남자가 아빠가 되는 기적

## 아빠의 정체성이 중요한 이유

아빠는 위선의 육아를 버려야 한다. 그런데 위선을 멈추려면 아빠의 정체성이 필요하다. 아빠의 정체성이 몸으로 표현되는 그때부터 진짜 육아는 시작된다. 아빠의 말과 행동이 아빠를 나타내는 정체성인 것이다.

아빠의 정체성이 중요한 이유는 육아의 다음 단계로 넘어가는 열쇠이기 때문이다. 이를테면 지속 가능한 육아, 능동형 육아, 아내와 한 팀을 이루는 육아, 육아로 인생이 변하는 경험과 가치 유산을 전할 수 있는 단계로 가려면 아빠의 정체성이 필요하다.

하지만 아빠 중엔 아직도 남자 단계에 머문 사람이 적지 않다. 이 단계에선 아빠라는 입문 과정에 막 들어선 사람, 이런저런 이유로 그런 과정을 포기한 사람, 그냥 처음부터 남자 단계에 머물기로 한 사람, 심지어 아빠가 되려는 생각 자체가 없는 사람도 있다.

자신이 아빠라면서 대체 왜 이러는 걸까? 이런 남자에 관해 설명한다면 남자란 단순 그 자체라는 것을 먼저 말하고 싶다. 그래서 이 단순함을 잘만 다루면 남자가 육아하는 모습을 볼 수 있을지도 모른다. 남자는 여자 하기 나름이란 말은 이 단순성을 다룰 줄 안다는 의미가 아닌가 싶다.

남자에겐 동기부여, 직접 참여, 약간의 어려움을 극복할 기회가 중요하다. 답답하지만 착한 설명으로 직접 육아에 참여할 기회를 주고 한 번씩 계획된 독박 육아를 경험케 하면 이 단순한 사람들이 어떻게 변할지는 아무도 모른다.

하지만 안타깝게도 이런 노력에도 남자의 지속 가능한 육아와 위선의 육아를 버리게 할 순 없다. 그것은 남자가 아빠가 되는 기적이 일어났을 때만 가능하기 때문이다.

정체성은 나는 누구인가? 를 시작으로 자신이 누구인지 말할 수 있을 때 완성된다. 이렇게 정리된 아빠라는 사람이 마음에 자리 잡는 과정을 통해 남자는 아빠의 정체성 갖게 된다. 하지만 항상 말은 쉽고 행동이 어렵다.

어떤 영화배우는 연기와 생계를 위해 오디션을 봐야 하고 돈도 벌어야 했지만, 자신이 누구인지 아는 것이 급해서 아무것도 하지 않았다고 한다. 하지만 이런 선택을 한 자신이라서 다행이라는 말이 꽤 멋있게 들렸다.

육아를 위한 아빠의 정체성은 힘과 시간이 들어도 얻을 수 있다면 그렇게 해야 하는 것이다.

## 육아가 아빠에게 준 선물

자신이 누구인지 알기란 쉽지 않다. 그래서 아빠의 정체성이 더 멀게 느껴지는 게 당연하다. 그런데 친절하게도 이런 남자 위해 육아는 선물을 준비했다. 바로 아빠가 누구인지, 대체 뭘 하는 사람인지 명확히 말해준다는 것이다. 아빠는 그저 육아가 알려주는 정의를 따라가면 자신이 누구인지 알게 된다.

먼저 육아는 남자를 향해 아빠라 명명하고 생명을 다루라 명령한다. 르완다어에서 출발한 영어 Father는 집의 모든 재산과 권위와 여자를 소유한 어른을 부르는 말이었다. 아빠에겐 재산뿐 아니라 구성원의 몸과 마음을 지키며 성장시킬 책임이 있었다. 아빠라고 불리는 남자라면 이런 책임과 의무가 있는 것이다.

하지만 육아가 말하고 싶은 아빠의 정체성이란 이런 뜻풀이에 있지 않고 그 명령에 있다. 바로 아빠에게 주어진 책임과 의무를 다하라는 명령이 그것이다. 이 명령을 따르면 남자는 아빠가 될 수 있다. 남자가 아빠가 되는 기적이 일어나는 것이다.

명령은 우리를 더 높은 수준으로 성장시키는 형태의 말이다. 만약, 육아가 신이 준 갱생 프로그램이라면 부드럽게 육아 좀 해주겠니? 맡겨진 생명을 잘 좀 다루어주겠니? 묻지 않을 것이다. 오히려 명확히 넌 아빠다! 넌 이걸 해야 해! 명령해야 한다.

육아의 명령은 남자를 자기 수준 이상으로 성장시키고 성숙하게 만드는 말이다. 이 명령을 따르면 자기 수준을 뛰어넘는 성장과 변화를 경험하게 된다. 하지만 이 명령은 오직 아빠에게만 내려진 명령이다. 아빠만 받을 수 있는 육아의 특별한 선물이란 이 명령을 뜻한다.

## 아빠는 자신을 정의할 수 있어야 한다.

남자가 아빠가 되려면 육아의 명령과 함께 육아에 대한 자기 정의가 필요하다. 이를테면 아빠는 사랑과 관계를 최우선에 둔 사람이다! 라는 정의다. 아빠 입으로 자신의 모든 삶 앞에 사랑과 관계가 있다고 고백한다면 아빠의 정체성이 있다고 말할 수 있다.

우리는 육아를 왜 할까? 물론, 책임과 의무 때문이며 무엇보다 아이를 사랑하기 때문일 것이다. 하지만 그 중에서도 아빠가 육아해야 하는 이유는 관계에 있다고 생각한다. 육아를 통해 아이와 관계를 쌓고 만들기 위해 아빠는 육아하는 것이다.

육아는 관계를 만들고 성장시키기 위한 행동이며 과정이다. 육아를 선택한 아빠는 자기 시간보다 취미보다 취향보다 아이와의 관계가 우선인 사람이라 할 수 있다.

## 아빠에겐 새로운 관점이 필요하다.

남자가 아빠의 정체성을 가지려면 새로운 관점이 생기거나 기존의 것이 변해야 한다. 한 사람의 태도와 생각을 의미하는 이 관점이 바뀌면 행동이 달라지고 육아도 바뀌게 된다. 관점이 바뀌면 행동이 바뀌고 습관이 바뀐다. 이 습관이 미래를 결정한다.

한 심리학자가 삶이 괴롭고 우울한 상황에서 벗어날 수 있는 간단한 방법을 소개했다. 바로 어려운 일을 만났을 때 지금은 생각이 바뀌었어! 말하면 된다는 것이다.

만약, 육아가 어렵고 더 좋은 방향으로 나가길 원한다면 생각을 바꿔야 한다. 관점이 달라져야 변화가 일어나기 때문이다. 육아의 관점을 바꾸면 방향을 수정할 수 있다. 다른 육아를 하게 되는 것이다.

육아는 시시때때로 아빠의 기분을 들었다 났다 한다. 이런 분노와 우울함이 반복되면 자아가 사라지는 경험을 하게 된다. 자신은 없고 반복된 생활과 고된 현실 육아만 남게 되는 것이다. 그런데 이런 상태가 관점의 전환이 필요하다는 신호다.

세상은 마음먹기 나름이라는 말은 그저 듣기 좋은 조언이 아니다. 관점을 바꿔야 그 힘든 상황을 벗어날 수 있기에 해주는 가장 현실적인 조언이 바로 이 말이다.

이후에 알았지만, 육아하며 가장 어리석은 말은 자신이 사라질 것 같다는 말이다. 육아는 내가 사라지는 경험이 아니라 자신을 발견하는 과정이기 때문이다.

그래서 만약, 자신이 사라져 가는 중이라 다시 자아를 찾기 위해 개인 시간을 가져야 하고, 육아와 자신을 더 많이 분리해야 할 아빠가 있다면 오히려 이 순간이 육아 가운데로 들어갈 때라고 말하고 싶다. 그럴 때 아빠 자신을 만날 수 있기 때문이다. 힘들수록 육아를 멈추는 게 아니라 육아로 끝장 보려는 관점으로 이동하는 것이다.

육아는 남자들 생각처럼 단순하지 않다. 육아 때문에 자신이 사라질 것 같다면 사라져야 할 이유가 있기 때문이다. 아마도 그 것은 과거의 남자일 것이다.

하지만 아무리 암울한 상황이라도 역전시킬 방법은 있다. 바로 관점의 변화가 그렇다. 이럴 땐 자기 자신이 아니라 다른 것을 보는 관점이 필요하다. 모진 현실 가운데 있으면 다른 생각과 행동이 불가능하다. 그런데 이때가 관점을 바꿀 수 있는 최적의 시간이고 상황이다. 바닥을 쳤고 끝을 보았기에 더는 내려갈 곳이 없는 상태이기에 이젠 올라갈 일만 남은 것이다.

젊은 날 힘든 시절 대부분을 생각과 책을 보며 보냈는데 더디게 도착한 터널 끝에서 처음 한 행동은 다시 취업 원서를 쓰는 일이었다.

세상을 실컷 원망하고 욕해도 좋다. 하지만 원서도 쓰면서 해야 한다! 이렇게 기존의 관점을 바꾸고 나서야 다른 행동을 할 수 있었다. 사람은 관점이 변할 때 다르게 행동할 수 있다. 아빠의 관점 변해야 다른 육아를 할 수 있다.

## 아빠의 정체성을 가지면 그냥 육아가 나온다.

관점의 변화는 곧 정체성의 변화라 할 수 있다. 그래서 정체성이 변하면 행동이 달라진다. 행동은 정체성의 시녀다. 이를테면 운동선수는 운동을 한다. 음악가는 연주를 한다. 아빠는 육아를 한다. 정체성에 따라 하는 행동이 달라진다.

경기 전 스트레칭 중인 선수에게 물었다. 무슨 생각해? 무슨 생각을 해 그냥 하는 거지! 난 아빠 육아가 이래야 한다고 생각한다. 아빠의 정체성을 가진 남자는 그냥 육아할 수 있다. 무슨 이유에서가 아니다. 그저 우선순위에 따른 행동이 자연스레 나오는 것이다.

아빠가 할 일이고 삶이기에 그냥 육아하는 것이다. 내가 왜? 나만 왜? 라는 억울한 생각이 드는 순간 아빠 육아는 망한다. 다시 남자로 돌아갈 때 육아도 예전 모습으로 돌아가고 만다.

## 다른 사람의 육아가 더 쉬워 보이는 이유

아빠의 정체성에 대한 고민은 다다익선이라 할 수 있다. 많이 크고 깊이 할수록 육아엔 피가 되고 살이 된다. 하지만 이런 진지함을 좋아할 사람은 많지 않다.

게다가 다른 사람의 별 탈 없는 육아를 보며 왜 나만 못하고 힘들고 괴로운지 어떨 때는 육아보다 이런 비교가 사람을 더 힘들게 한다.

다른 사람의 육아가 쉬워 보이는 이유는 두 가지로 볼 수 있다. 하나는 이미 질풍노도의 시기를 지났기 때문에 그렇게 보이는 것이고 다른 하나는 육아를 받아들이는 수용성의 차이 때문이라 생각한다. 육아하려면 고뇌의 시간을 끝까지 버티거나 뭐든 잘 받아들이는 수용성이 좋다면 일단 육아가 된다.

우리는 흔히 옆집 아이가 사춘기 없이 지났다고 하면 아이가 참 착하네요! 감탄하고 부러워한다. 하지만 사춘기의 부재는 사실 부러워할 일이 아니라 걱정할 문제다. 난 누구인가? 하는 고민 없이 성장하고 성숙할 순 없기 때문이다.

사람은 고민하고 괴로워하며 성장하고 성숙한다. 고민해야 할 시기에 아무런 생각이 없으면 나이 먹고 주변 모두를 질풍노도로 몰아넣기도 한다. 충분히 고민해야 충분히 괜찮아질 수 있는 것이다.

아빠의 정체성도 같다. 깊이 고민하고 괴로워할수록 육아는 단단해진다. 육아로 인해 괴롭고 불안한 상태가 오히려 좋다고 말할 수 있는 이유다. 육아 때문에 죽을 것 같은 모습이라면 성장하고 있다는 증거다.

육아에 마음이 없으면 사실 괴로울 일도 없다. 하지만 이전과 다르게 육아 때문에 마음이 아프다면 육아에 진심이라는 뜻이다. 잘하고 싶은데 마음처럼 안돼서 불안하고 신경 쓰이니깐 괴로운 것이다. 육아가 남의 것, 아내 것, 장모님 것이 아니라 아빠 것이 되면 아프다.

하지만 육아에 대한 고민은 육아를 성장시켜 줄 자양분이 되어
준다. 그러므로 충분히 아파하고 고민해야 할 이유가 있는 것이
다. 다만, 너무 길게 고민하진 않았으면 좋겠다. 그러다 육아가 끝
날 수도 있기 때문이다.

육아에도 유통기한이 있다. 아무리 길어도 끝이 있는 육아다.
아빠도 성장해야 하지만 아이도 커야 하므로 굵고 짧게 해야 한
다.

사실 우리에겐 육아할 시간이 별로 남지 않았다. 빨리 아빠란
사람의 정체성을 가슴에 품고 단순하고 과감히 육아의 삶을 살아
내야 한다.


## 많이 알면 더 잘 이해할 수 있다. 화도 덜 낼 수 있다.


정신과 의사들은 환자의 폭언에도 화를 내지 않는다고 한다. 심
지어 환자 손에 들려있던 음료수가 갑자기 날라와도 그렇다고 한
다. 바로 오랜 시간 공부하며 쌓은 지식과 경험이 폭넓은 이해를
가능케 한 것이다.

근무하다 보면 누가 봐도 화나고 열 받을 상황에 놓일 때가 있
다. 하지만 화가 나기보다 어떻게 하면 이 상황을 해결할지 습관
처럼 생각한다. 아마도 간호학도로 보낸 시간과 실무로 쌓은 내

공 덕분이라 생각한다. 많이 알고 경험이 있으면 이해할 수 있고 화도 덜 낼 수 있다. 그 강도와 횟수 조절이 가능한 것이다.

아빠에겐 육아와 아이와 특히, 아내에 관한 연구자 같은 태도가 필요하다. 아마도 이런 아빠라면 일관성 있는 육아도 가능할 것이다.

아빠의 관심과 노력은 육아를 보는 다른 눈을 갖게 하고 남자가 아빠가 되는 것을 돕는다. 주식은 배신하지만, 육아에 대한 투자는 절대로 배신하지 않는다. 경험자의 말이니 믿어도 된다.

## 육아는 경험치를 쌓아가는 롤 플레이다.

완벽한 정체성을 갖추고 육아하는 아빠는 없다. 아빠는 육아의 크고 작은 사이클 하나를 끝낸 후에야 조금 알고 부분적으로 깨닫게 된다. 육아는 몸으로 해야 이해되고 수용가는한 성격의 일이기 때문이다.

이런 면에서 육아는 일단 하고 볼 일이란 말은 진리라고 생각한다. 아이에게도 아빠에게도 필요하고 좋은 행동이기 때문이다.

하면서 알고 깨닫게 되는 것이 육아다. 육아를 가장 쉽고 빠르게 터득하는 길은 경험치를 쌓으며 실수를 줄여가는 것이다. 경험이 없으니 못하는 건 당연하다. 하지만 실수와 실패를 인정하고 수정하면 육아가 하나씩 풀리기 시작한다. 아빠에겐 육아하고 자 하는 마음과 태도가 필요하다.

육아는 아이와 관계를 쌓는 일이며 색을 입히고 방향을 설정하는 과정이다. 아빠는 육아의 과정을 지나며 부모로 성장하고 내공을 쌓게 된다. 육아하며 기쁨과 설렘을 알고 인생의 의미가 깊어지는 경험을 하게 되는 것이다.

## 육아는 몸으로 하는 것이다.

그래서 몸으로 겪지 않은 육아에 대한 모든 말은 경험 안 된 지식일 뿐이다. 책과 유튜브, 다른 사람의 말로는 육아를 알 수도 할 수도 없다.

아이를 안고 이런 말 저런 말뿐 아니라 안 되는 노래까지 불러야 하는 것이 육아다. 아이와 놀아주라고 했더니 놀아주는 걸 몰라 당황했다는 당사자가 되지 않으려면 못해! 안 해 봤어! 가 아니라 해야 해! 하면서 배울 거야! 란 태도가 필요하다.

육아는 두려워할 대상이 아니라 그저 해결하면 그뿐인 삶의 한 부분이다. 차분히 마주하고 하나씩 해결하면 다음 단계에 서게 된다.

육아는 이해가 아니라 수용의 대상이다. 아빠는 육아의 삶을 받아들여야 한다. 무식하고 단순하게 시작해도 괜찮다. 화내고 눈물 흘리며 욕하는 게 아무것도 안 하며 아내에게 이러쿵저러쿵하는 남편보다야 당연히 좋기 때문이다.

자, 여기까지 읽었다면 몸을 움직여야 한다. 이 책의 목적 중 하나는 아빠의 정체성이 행동으로 나오게 하는 데 있다. 아빠의 정체성은 말과 행동으로 표현돼야 한다. 그래서 육아 곳곳에 흔적이 남아야 한다. 행동하지 않는 건 사랑이 아니다. 사랑한다면 움직여야 한다. 육아 문제 대부분은 남편이 육아하면 해결된다.

# 하찮은 아빠 육아 ————————————————
—————— 발작 육아 대신 지속 가능한 육아의 방법

## 발작 증세를 보이는 남자들

남자는 발작 육아를 한다. 반면 아빠는 지속 가능한 육아를 만들어 낸다. 아내의 잔소리에 화가 나서 또는 기분 좋을 때만 순간적으로 하는 육아는 발작 육아다.

발작 증세를 보이는 아빠의 육아는 하찮다. 아빠 육아를 하찮게 만드는 건 미안하지만, 아빠 자신이다. 발작 육아는 가짜 육아다. 육아에서 제거해야 할 태도이고 모습이다.

아이가 태어난 날 아빠는 수술실에서 나온 아이 사진을 찍고 간단한 설명을 들은 후 병실에서 대기한다. 수술을 마친 아내와 재회하며 앞으로 더 잘해야지! 착한 다짐도 한다.

모자동실이 아닌 경우 아이는 신생아실에 있다가 얼마 후 엄마가 있는 병실로 온다. 아빠는 신기하고 기쁜 표정으로 아이를 안고 아내와 아이를 번갈아 본다.

하지만 얼마 지나지 않아 엄마는 진통제를 맞고 잠들고 이상하게 피곤이 몰려온 아빠는 아이를 신생아실로 돌려보낸다.

이후 몇 번의 부자 상봉이 이뤄지고 앞으로 많이 볼 거니깐 그냥 신생아실에 있었으면 좋겠다고 생각한다. 그러면서 조리원 천국을 꿈꾼다.

바로 첫째 출산 때 겪은 심리과정이다. 아이가 태어나고 2시간 좋고 마는 현실 남편의 모습이다. 기분에 따라 행동하는 사람만큼 없어 보이는 사람도 없다. 아빠 육아를 하찮게 만드는 건 아빠 자신이다.

남편의 발작 육아는 일관성이 절실한 육아에도 치명적이다. 자기 기분을 아내와 아이에게 투사한 태도로는 행복한 육아를 기대할 수 없기 때문이다.

아빠는 자기를 통제해야 한다. 높은 수준의 의식 밑에는 고도의 자기 통제력 같은 심리적 능력이 있다고 한다. 심리적 능력까진 아니더라도 아빠는 기분이 태도가 되지 않도록 노력해야 한다. 단단한 마음 위에서 육아하겠노라 다짐해야 한다. 육아는 그런 태도와 의지를 가진 사람에게 가능한 일이기 때문이다.

발작 육아의 반대편엔 지속 가능한 육아가 있다. 아빠는 발작 육아가 아니라 지속 가능한 육아로 나가야 한다. 상황과 환경에 따라 결정되는 육아가 아니라 자기 정체성을 가진 색깔 있는 육아는 그렇게 만들어진다.

하지만 수시로 바뀌는 생각과 마음인데 어떻게 하면 지속 가능한 육아가 가능할까? 결론부터 말하면 먼저, 육아를 좋아해야 한다. 또, 100% 부모로 살아야 한다. 그리고 모든 힘을 한 번에 받고 육아를 학습이 아닌 습득으로 접근하면 지속 가능한 육아를 할 수 있다.

## 사랑(love)하지 말고 좋아해야(favorite) 가능한 육아

지속 가능한 육아는 좋아함으로 가능하다. 아빠는 육아를 사랑으로 하지 말고 좋아하는 감정으로 해야 한다. 사랑은 아프지만, 좋아하면 즐겁기 때문이다.

부모에겐 육아와 관련된 강박감이 있는 것 같다. 이를테면 육아는 사랑으로 해야 한다. 잘해야 한다. 반드시 행복해야 한다는 생각이다.

물론 사랑하고 잘하고 거기다 행복하면 좋겠지만, 어디 육아가 그런가? 생각대로 육아가 되는가? 알다시피 육아가 부모 생각대로 된 적은 거의 없다. 그게 현실이다.

아빠는 갑자기 시작된 육아 때문에 분주하고 어리둥절한 상태다. 이런 상태에서 사랑하려면 그런 척할 수밖에 없다.

마음은 원하는데 몸이 따르질 못해서 죄책감에 시달리고 머리로는 알겠는데 몸이 따르질 않아 괴롭다. 제 몸 하나 지키기 어려운 사람에게 사랑이라니 처음부터 말이 안 되는 기대일지도 모른다.

아빠는 사랑 대신 좋아하는 감정으로 육아에 접근해야 한다. 감정이 좋으면 힘들어도 웃을 수 있다. 가벼운 진지함으로 육아와 아이 앞에 서야 한다.

사랑과 좋아함은 그 의미와 접근이 다르다. 이를테면 사랑은 이유가 없어도 가능하지만, 좋아하는 것엔 이유가 있다. 사랑하면 눈물 나지만, 좋아하면 가슴이 설렌다. 육아에 사랑만 있고 좋아함이 없으면 눈물이 마르질 않는다. 반면 좋아하면 신이 난다.

사랑은 아프지만, 좋아하는 건 즐겁다. 나중에야 사랑의 그 아픔까지 사랑한 거야! 할지 몰라도 일단 육아는 즐거워야 한다. 힘빡 주며 시작 말고, 쉽고 유연하게 접근하면 편해진다.

누구나 사랑할 수 있지만, 누구나 좋아할 순 없다. 사랑은 사명

일 수 있지만, 좋아하는 건 감정이다. 아빠는 육아를 좋아해야 한다. I love you 가 아니라 You are my favorite 이라 말해야 한다.

언젠가는 아이에게 꼭 듣고 싶은 두 가지 말이 있다. 하나는 아빠가 친절하다는 말이고, 다른 하나는 가장 좋아하는 사람이 아빠라는 말이다. 친절함은 화내지 않고 육아하는 방법이고 좋아함은 내 육아를 설레게 하는 말이기 때문이다.

아들의 한마디에 감동의 눈물을 흘리는 아빠를 봤다. 사나이를 울린 그 한 마디는 제가 가장 좋아하는 사람은 아빠예요! 라는 말이었다. 아이가 가장 좋아하는 사람이 아빠가 되면 육아의 모든 문제가 풀리기 시작한다.

아이들은 부모를 사랑하면 안 된다. 아이들은 부모를 좋아해야 한다. 아빠는 아이가 자기를 좋아하게 만들어야 한다. 아빠는 아이의 favorite가 되어야 한다.

## 신분의 변화 : 100% 부모로 살기

지속 가능한 육아는 100% 부모로 살 때 가능하다. 반쪽짜리 부모로 살면 반쪽 육아밖에 할 수 없다. 반쪽 육아 생활을 계속하면 우리가 도착할 곳은 번아웃역 뿐이다. 몸은 하나인데 완전히 다른 두 삶을 살면 몸과 마음이 탈진해 버리는 건 당연하다.

100% 부모로 산다는 건 자기 삶과 만족을 포기한다는 의미가 아니다. 기존의 의미와 가치가 다른 곳으로 옮겨졌다는 뜻이다. 남자가 아니라 아빠로 신분이 바뀌었다는 의미다.

아이를 갖지 않겠다는 이유 중 하나는 부모가 부담스럽기 때문이라고 한다. 그리고 그 부담이란 사실 불안이 아닌가 싶다.

개인 시간이 방해받고 자아가 사라질 것 같은 불안. 뭔가를 포기해야 한다는 불안. 하고 싶은 걸 못한다는 불안. 희생해야 한다는 불안이 아이를 갖지 않겠다는 결심으로 이어졌다고 생각한다.

방송에서 한 배우에게 물었다. 형은 어떻게 그렇게 가족에게 희생하면서 살아요? 그 배우는 이번 생은 이렇게 살기로 했다고 답했다.

하지만 100% 부모로 산다는 게 정말 희생의 삶일까? 백번 양보해도 희생은 아닌 것 같다. 하고 싶은 걸 못 하는 게 희생이라 하기엔 뭔가 부족하기 때문이다. 부모의 삶은 희생이 아니라 삶의 가치와 의미가 육아로 옮겨진 것뿐이다.

비유하자면 인생에 둘도 없을 보석을 발견했는데 그렇게 하지 않을 이유가 없어서 아빠는 자기 시간과 에너지를 육아에 던지고 삶으로 받아들인 것뿐이다.

옆에서 볼 때 나 어떻게 저렇게 하지? 너무 과한 희생 아닌가? 싶은 것이지 100% 부모로 사는 사람은 그런 삶의 기쁨과 의미를 알아버린 사람이다. 육아가 마냥 즐겁고 행복하다는 말이 아니다. 힘들지만, 즐겁고 기쁜 삶을 산다는 의미다.

이런 가치와 의미를 한 번도 느껴 보지 못한 사람의 우문에 현답을 줄 필요는 없지만, 부모의 삶과 육아는 그런 보석을 발견한 삶이라 할 수 있다.

더욱이 부모는 희생하는 사람이 아니라 사랑하는 사람이다. 아이를 100% 사랑할 수 있는 사람을 우리는 부모라 부른다.

이 아이의 아빠가 저예요! 제가 엄마예요! 하면 사람들은 아, 이 사람은 아이를 위해 목숨도 줄 수 있는 사람이겠구나! 생각한다. 이렇게 목숨 정도는 내려놔야 희생이라 할만하지 않을까 싶다.

부모는 자기 꿈을 접고 내려놓은 사람이 아니다. 부모는 다른 꿈을 꾸는 사람이다. 그것도 아이가 아니면 절대로 꿀 수 없는 부모만이 가질 수 있는 꿈을 이루는 사람이다.


## 아이와 아내만이 아빠 육아를 평가할 수 있다.


아내를 이해한다며 하는 이야기 대부분은 아내도 자기 꿈이 있었을 텐데 아기만 키우고 엄마로만 살고 있어 안타깝고 미안하다는 내용인 것 같다.

어떤 채용공고에 연중무휴, 24시간 근무, 연봉 없음이란 내용의 구직 정보가 났는데 그 직업의 이름은 엄마였다고 한다. 이 말을 하던 어떤 개그맨은 엄마라는 지위가 사회적으로 인정받지 못하는 것에 안타까워하며 이 광고에 새삼 놀라 눈물까지 났다고 한다.

그런데 남편은 일하며 사회적으로도 인정받지만, 아내는 자기 꿈을 포기하며 엄마로만 사는 게 정말 안타까워야 할 상황일까? 만약, 그게 사실이라면 대체 남편은 그동안 뭘 하고 있던 걸까? 그렇게 만든 장본인이 남편은 아닐까?

엄마가 육아 때문에 사회적으로 인정받지 못하는 것에 화나고 안타깝다면 그래서 육아를 더 인정하고 의미와 가치를 제대로 알려야 한다는 태도라면 직접 육아하면 될 일이다. 돈은 엄마도 벌수 있으니깐 말이다.

부모, 엄마, 육아를 안타깝고 안쓰럽다고 하는 생각, 희생한다는 말은 바뀌어야 한다. 아이 키우는데 희생이 어디 있고, 안타까울 일이 어디 있을까? 부모에게 이것보다 중요한 일이 있다면 100% 부모라 할 수 없을지도 모른다.

사회가 인정해 주지 않아도 육아의 의미와 가치는 변하지 않는다. 그 고귀한 무게가 얼마나 무거운지 100% 부모로 사는 사람은 알고 있다.

더구나 자기 육아를 누가 꼭 알아줄 필요도 없다. 굳이 알아야 할 사람이 있다면 아내 또는 남편이며 자기 육아에 반응하는 아이의 피드백이 가장 의미 있고 중요하다.

## 육아는 부모가 되는 과정이다.

100% 부모가 된다는 말은 100% 사랑해야 한다는 뜻이기도 하다. 어느 부모가 아이를 사랑하지 않을까 싶지만, 솔직히 요즘 같아서는 합리적 의심이란 단어가 자꾸만 떠오른다. 그래서 아빠는 100% 부모가 돼야 한다. 다른 불순한 생각이 아빠의 태도와 의지를 꺾지 못하게 정신 차리고 육아해야 한다.

알고 보면 부모 대부분은 부모가 되는 과정 중에 있다. 그래서 어떨 때는 허둥대고 헤매고 급작스러운 신분 변화에 힘들어한다. 하지만 아이는 이렇게 말한다.

아빠, 그래도 전 아빠를 사랑해요. 지금 제가 할 수 있는 건 없지만, 전적으로 아빠를 믿고 있어요. 그래서 제 목숨을 당신의 육아에 맡기고 있는 거예요. 제 존재 자체가 귀한 보물이고 사랑받을 존재라는 것만 알게 해주세요. 제가 바라는 건 이것뿐이에요. 전 아빠의 기쁨이 되고 싶어요. 다른 생각은 한 적이 없어요. 전 오직 엄마 아빠만 보여요.

100% 사랑한다면 사랑의 대상밖에 보이지 않는다. 100% 부모라면 자기가 사라졌다는 둥 이상한 소리를 할 수 없다. 99%만 부모인 사람, 99%만 사랑하는 사랑이 그런 소릴 하는 것이다.

육아는 사랑을 몰랐던 우리에게 사랑을 가르치고 알려준다. 그것도 조금 거칠게 알려준다. 사랑해 보지 않은 사람에게 이런 부모의 사랑은 거칠고 무식해 보이기도 한다.

하지만 원래 사랑은 거칠고 조금은 무식해 보이는 것이다. 격식 다 갖추고 따지며 사랑하는 건 그 사람보다 다른 것이 더 중요한 것이다. 사랑하면 그 사람이 자신에게 가장 중요하고 제일 소중해야 한다. 이 당연한 말이 서로에게 와닿지 않으면 섭섭하고 상처 입고 이별을 생각하게 만든다. 이렇게 이성적으로는 이해할 수 없는 말과 행동을 서슴지 않기에 사랑한다고 표현하는 것이다.

100% 부모가 되지 않고서 육아란 불가능한 일이다. 100% 사랑하지 않으면 육아는 매번 불가능한 일로 다가온다. 우리가 육아할 수 있는 유일한 답은 100% 부모가 되어 100% 사랑하는 것뿐이다.

## 아빠는 선택할 수 있다.

육아하며 가장 힘들었던 부분은 개인 시간이 없다는 것이었다. 그 시절을 한 단어로 표현하면 우울함이다. 자기 시간이 사라진 곳을 이런 부정적인 감정으로 채웠다.

하지만 다행스럽게도 그 원인을 찾았다. 아빠라는 신분의 변화를 받아들이지 못한 자신을 발견한 것이다. 아빠를 받아들이지 못한 상태에선 오직 자기 기분과 상황만 보인다. 이렇게 자신에게 과몰입하면 육아에도 답이 없다. 육아는 자신이 아니라 다른 사람을 보는 데서 출발하기 때문이다.

육아는 타인을 위한 행동이다. 육아하면 희생이라는 단어가 먼저 떠오르는 이유도 육아가 자신이 아닌 아이를 위한 일이기 때문일 것이다.

아빠가 된 남자는 예전과는 완전히 다른 사람이다. 부모가 되었고 남자에서 아빠로 신분이 바뀌었다. 하지만 옛 습관이 남아있는 아빠다. 그래서 아빠는 날마다 선택의 갈림길에 선 사람이다.

아빠는 남자로 남을지 아빠로 살지 선택해야 한다. 북받쳐 오르는 자괴감과 우울감을 선택할 것인지 아니면 사랑과 관계를 선택할 것인지 결정해야 한다. 만약, 이전 습관을 버리고 육아를 선택한 아빠라면 이렇게 말할 수 있다.

아빠는 너 때문에 뭔가를 못 하는 게 아니라 너를 선택한 거야. 지금 아빠는 이상과 현실의 충돌을 이렇게 극복해 나가고 있어. 그래서 힘들지만, 아빤 행복한 사람이고 너와 함께 더 행복할 사람이야. 아빠는 우릴 선택한 거야. 계속 지켜봐 줘!

육아에서 느낄 수 있는 행복과 기쁨은 순전히 아빠의 선택에 달렸다. 아빠는 억울하고 가난한 현실을 선택 말고 뭐든 돌파해 내겠다는 태도와 의지를 불태워야 한다. 이것이 자기 인생을 사는 아빠의 모습이며 100% 부모로 사는 삶의 단면이다.

## 신이 육아를 허락한 이유 : 육아할 힘도 줌

육아는 신이 준 갱생 프로그램이다. 그렇지 않고서는 육아를 설명할 수 없다고 생각한다. 지금 느끼고 깨닫는 분노와 슬픔과 외로움과 괴로움은 육아가 아니었다면 알 수 없었을 감정이다. 그래서 알고는 못 하는 게 육아인 것 같다. 그런데도 육아가 가능한 이유가 있다면 신의 원조 때문이다.

한 신부님이 힘을 달라고 기도했더니 하느님은 강하게 만들 어려움을 주셨다. 다시 지혜를 구했더니 해결할 문제를 주셨고, 용기를 구했더니 극복할 위험을 주셨다. 마지막으로 사랑을 구했더니 도움이 필요한 사람들을 보내 주셨다고 한다.

이 말을 들으며 그렇게 기도하지 말고 이 모든 것을 한꺼번에 달라고 기도했으면 어땠을까? 싶었다. 그런데 잠시 후 신이 육아를 허락했음을 알았다. 신은 그 모든 것을 육아라는 한 곳에 담아 주셨다.

육아는 아빠에게 필요한 힘과 지혜와 용기와 사랑을 한 곳에 담아 준 하늘의 선물이다. 다만, 힘들고 억울하고 가난한 포장지로 감싸서 주는 바람에 육아가 어려워 보일 뿐이다. 지속 가능한 육아는 포장지가 아니라 선물을 자체를 볼 때 가능하다.

## 육아는 습득하는 것이다 : 반복과 견딤의 행복

언어 천재라는 사람이 말하길 언어는 공부하는 게 아니라 습득하는 것이라 했다. 무슨 소리인가 했더니 언어란 몸과 입에 배어 들어야 한다는 뜻이었다.

육아가 그렇다고 생각한다. 육아는 알아가는 게 아니라 습득하는 것이다. 그런데 습득하려면 반복과 견딤이 필요하다. 그래서 육아를 습득하려는 행위 자체가 지속 가능한 육아를 하겠다는 말과 같은 의미가 된다.

육아엔 왕도가 없다. 지름길도 없고 스킵도 불가능하며 하나하나 한순간 한순간을 몸과 마음으로 지나야 한다. 일단 육아를 시작했다면 끝까지 해야 한다. 육아는 말이나 생각이 아니라 몸으로 겪어야 하는 일이다.

육아하려면 반복과 견딤에 익숙해 져야 한다. 육아를 잘하는 사람이 누구냐? 묻는다면 잘 버티고 끝까지 견디는 사람이라 말하고 싶다.

견디고 버티는 게 조금 무식해 보이는 것도 사실이다. 하지만 견디고 버티는 게 진정한 실력이고 능력이란 건 사회생활을 해본 사람이라면 잘 알 것이다.

하지만 육아에서 견딤과 버팀이 중요한 이유는 사실 다른 것에 있다. 바로 육아에선 과정이 중요하기 때문이다. 아빠는 육아의 과정을 통해 사랑을 배우고 관계를 만들고 아빠가 되어간다. 아빠는 이것을 위해 견디고 버티는 것이다.

다른 사람을 알려면 시간과 정성이 필요하다. 친구가 그랬고 아내가 그랬던 것처럼 말이다. 반복적으로 함께 밥 먹고 이야기하고 온갖 일들을 함께 겪으며 우린 서로를 알아간다.

그 과정 중엔 섭섭한 일도 다툴만한 상황도 있다. 그때마다 부정적인 감정을 견디고 이해하면서 관계는 성장하고 성숙한다. 돈독한 사이가 되는 것이다. 이렇게 아이와 인간적으로 끈적한 사이가 되려고 육아는 반복과 견딤을 요구한다.

육아는 아빠와 아이가 인간관계를 맺는 과정이다. 육아는 오늘이 제일 어렵다. 그리고 내일도 어려울 것이다. 그래서 좌절하기 딱 좋은 시스템이다. 하지만 한 사이클을 지날 때마다 아빠는 깨닫고 이해하게 된다. 육아의 스펙트럼이 넓어지고 아이와 자신을 이해하는 폭이 한 뼘 늘어난다.

아빠는 반복하고 견뎌야 육아의 아름다움을 맛볼 수 있다. 대부분은 육아를 어려워만 하다가 자기 시간과 자신을 찾아 나선다. 한 경영자의 유명한 말처럼 이런 사람이 바로 내일 저녁까지만 사는 사람이다. 아빠는 살아남아 자기 육아의 아름다움을 누려야 한다. 육아의 묘미는 반복과 견딤에 있다.

# 남자가 죽어야 육아가 산다 ———————
———————— 아빠의 육아 로드맵

## 아빠가 육아를 힘들어하는 이유와 해결 방법

부모가 된 순간 남자는 신분 변화를 겪는다. 아빠의 정체성을 가진 사람이며 사랑과 관계를 최우선에 둔 사람이 된 것이다. 하지만 여전히 육아가 힘들다. 왜일까?

결론부터 말하면 남자의 습관 때문이다. 시도 때도 없이 과거의 자신이 올리와 조금인데 뭐! 지기 시간 가져도 괜찮아! 지금 아니면 못해! 엄마가 하면 되잖아! 이 정도면 많이 했어! 내일 일도 가야 하잖아! 피곤하잖아! 너 자신이 더 중요해! 속삭인다. 그럼 왠지 자신만 억울하고 가엽게 느껴져 현실 부정 상태에 이른다.

이때 아빠가 남자의 옛 습관을 따르면 육아가 망하고 반대로 육아를 선택하면 육아도 살고 아빠도 산다. 사실 아빠에겐 육아의 모든 순간이 선택의 연속이라 할 수 있다. 그럼 어떻게 해야 아빠가 육아를 선택할 수 있을까?

아빠가 육아를 선택할 수 있는 길은 하나다. 과거의 남자를 포기하는 것이다. 대신 아빠에게 모든 에너지를 올인하면 육아를 선택할 수 있다. 과거의 남자에게 시간과 생각과 에너지를 쓰지 말고 아빠에게 모든 것을 투자하는 것이다.

경주마를 훈련 시키는 어떤 조련사는 매번 어느 말이 우승할지 알고 있었는데 그 비결이 이기게 하고 싶은 말에게만 먹이를 주는 것이었다고 한다.

아빠가 육아를 선택하지 못하는 이유는 과거의 남자에게 에너지를 양보하기 때문이다. 반대로 아빠에게 마음과 생각과 시간을 주면 육아를 선택할 수 있다. 먹이는 쪽이 늘 이기기 때문이다.

아빠가 육아를 선택하려면 옛 습관을 새로운 습관으로 극복해야 한다. 남자에게 육아가 자리 잡는 과정은 육아한다. ‒ 각성한다. ‒ 육아를 삶으로 받아들이는 것으로 요약된다. 그래서 육아부터 할 수 있도록 생활을 바꿔야 한다. 삶의 우선순위가 육아가 돼야 한다는 뜻이기도 하다.

아빠의 상황과 환경은 늘 육아하지 못할 이유로 가득하다. 이럴 땐 이것저것 생각 말고 육아부터 하는 게 답이다. 입 닫고 생각을 멈추고 무조건 아이부터 돌보는 것이다. 그러면 육아가 된다. 습관처럼 육아하면 남자의 습관을 이길 수 있다.

## 선육후사가 답이다.

육아는 일단 하고 볼 일이다! 삶에서 중요하고 급한 일은 생각보다 많지 않다. 육아부터 해도 충분한 삶이란 걸 인정하는 데서 아빠 육아는 출발한다. 육아부터 하고 생각은 나중에 하는 선육후사의 습관이 바쁜 아빠, 과거의 습관으로 사는 아빠의 육아 솔루션이 될 수 있다.

새로운 습관이 만들어지려면 약 40일이 걸린다고 한다. 딱 40일만 육아가 삶의 최우선이 되면 과거의 습관을 이길 수 있다. 이 말이 진짜인지 알고 싶다면 그렇게 해 보는 수밖에 없다. 진실을 아는데 겨우 40일만 투자하면 되는 것이다.

아빠라면 40일 정도는 아이를 위해 투자할 수 있다고 믿는다. 한 번쯤은 삶의 전부가 육아라 답할 수 있는 사람이 아빠라 불릴 만하지 않을까.

## 육아 로드맵의 조건

육아를 삶으로 받아들인 아빠에겐 육아 로드맵이 실행되고 펼쳐진다. 아빠의 육아 로드맵은 육아 행동 − 태도 변화 − 지속 가능한 육아로 설명할 수 있다. 하지만 지속 가능한 육아까지 가려면 육아를 멈춰서는 안 되며 육아 중 겪는 모든 일을 몸과 마음으로 지나야 한다.

그래서 육아 로드맵의 키워드는 아이가 아니라 육아하는 사람. 바로 아빠라 할 수 있다. 육아는 육아하려는 태도와 의지를 가진 사람이 하는 것이다. 그 사람이 보고 듣고 경험하는 모든 것이 육아다.

하지만 일시적인 느낌과 감정으로는 지속 가능한 육아가 어렵다. 육아 로드맵은 상황과 환경에 상관없이 끝까지 육아하겠다는 태도 위에서 작동하고 유지된다.

육아 로드맵의 내용은 다른 것에 있지 않다. 육아에서 겪는 한 과정 한 단계가 로드맵의 이정표가 된다. 이를테면 아이와 한 약속 지키기, 방어적인 태도 버리기, 빙산처럼 사랑하지 않기, 아이를 포기하지 않기, 육아의 행복한 오너로 살기가 지속가능한 육아로 가는 이정표라 할 수 있다.

아빠는 육아 로드맵의 이정표를 따라가며 막연하고 모호했던 육아를 보고 만지고 느낄 수 있게 된다. 달리 말하면 육아의 내공이 쌓이는 것이다. 그 첫 번째가 아이와 한 약속을 지키는 것이다.

## 아빠가 했던 약속만 지켜도 기적이 일어난다.

아빠가 지키지 못한 그 하찮은 약속들. 아빠 퇴근하고 곧바로 올게! 주말에 놀아줄게! 책 읽어줄게! 나중에 사줄게! 말할 때는 진심이었지만, 지키지 못한 이 약속은 아빠 삶 어딘가에 숨겨져 있다. 그런데 만약, 아빠가 그 약속을 찾아 지키면 기적을 볼 수 있을지도 모른다.

말뿐인 약속은 인간관계를 단절시키는 벽이 되기도 한다. 아빠가 약속을 지키지 않으면 아이와의 관계에서도 벽이 생기는 것이다. 아빠도 어쩔 수 없는 사정이 있지만, 결국 약속을 지키지 않으면 거짓말쟁이로 남는다.

아이가 부모 말을 듣지 않는 이유는 부모의 말과 행동이 다르기 때문이다. 그렇기에 약속을 지켜야 한다고 가르쳐도 아이는 약속을 지킬 수 없다. 모든 훈육은 아빠가 그렇게 할 때 유효하다.

아빠가 약속을 지킬 때 벽은 허물어진다. 그 무너진 벽을 다리 삼아 아빠는 아이에게 갈 수 있다. 벽을 허무는 방법은 다른 것에 있지 않다. 약속을 지키는 것이다.

## 방어적으로 살면서 육아를 잘할 수는 없다.

자기방어적인 태도는 육아를 어렵게 만든다. 초기엔 그럭저럭 넘어갈 수 있지만, 결국 위기가 찾아온다. 육아는 아빠의 기호나 방법으로 하는 것이 아니라 아이에게 필요하고 육아가 원하는 모습으로 해야 한다.

그래서 아빠에겐 열린 자세가 필요하다. 아빠 육아가 폐쇄적이면 결국엔 아이가 힘들어진다. 그래서 육아는 흘러야 한다. 아내에게 흐르고, 지인에게 흐르고, 자신에게 흘러넘쳐야 썩지 않는다.

한 아이를 키우려면 한 마을이 필요하다는 말은 부모의 열린 자세를 전제로 한다. 힘들어서 움츠러드는 건 자연스럽지만, 육아가 힘들면 오히려 마음을 활짝 열어야 한다. 그렇게 할 때 한 마을의 도움을 받을 수 있다.

지금 육아가 힘든 이유는 다른 시도를 하지 않기 때문이다. 태도와 자세를 바꿔야 한다는 뜻이기도 하다. 한 과학자는 어제와 똑같이 살면서 다른 미래를 기대하는 건 정신병이라 했다. 가슴을 찢고 마음을 열어 나의 모자람을 받아들이면 그때부터 육아가 달라지기 시작한다. 내향형인 아빠가 달라질 수 있을까? 물론 변화할 수 있다. 다만, 본인이 변하겠다고 마음먹었을 때 가능할 뿐이다.

## 아빠는 빙산처럼 사랑하면 안 된다.

빙산의 일각이란 뜻을 잘 알고 있을 것이다. 대부분 숨겨져 있고 보이는 건 극히 일부분에 지나지 않는 것을 말한다. 그런데 어떤 아빠는 고집스럽게 이 빙산의 일각처럼 사랑하려고 한다.

아빠는 빙산의 일각처럼 사랑하면 안 된다. 사랑의 오해를 불러오기 때문이다. 아빠가 알아줬으면 하는 사랑의 크기와 아이가 보고 느끼는 크기가 다르면 문제가 생긴다. 서로 다른 기대가 결국, 사랑하지 않는다는 오해를 낳는 것이다. 그렇기에 아빠는 빙산처럼 사랑하지 말고 그 크기를 알 수 없는 태산같이 사랑해야 한다.

아이는 숨겨져 있는 크기가 아니라 보이는 만큼 사랑받고 있다고 믿는다. 아빠가 빙산의 일각이 아니라 태산같이 사랑해야 할 이유가 여기에 있다. 부분만 보여줄 것이 아니라 전체를 보여주고 아이가 생각하는 것 그 이상의 모습과 행동도 필요한 것이다. 아빠가 사랑을 표현해 주지 않아서 몇십 년을 방황했다는 한 연예인의 고백이 내 아이의 고백이 되지 않으려면 아빠는 구체적이고 직접적으로 사랑 표현을 해야 한다. 마음에 담긴 그 사랑을 행동으로 보여줘야 한다.

아빠는 사랑을 표현할 때 자기 방법이 아니라 아이가 알 수 방법으로 해야 한다. 그런데도 아이가 이해하지 못하면 엄마라도 그 사랑을 해석해 줘야 오해가 없고 평생의 한으로 남지 않는다.

행동하는 사랑만이 사랑이라 할 수 있다. 아빠는 적극성을 띤 사랑의 행동가로 살아야할 책임이 있다. 쑥스러워서 가식 같아서 원래 그렇게 안 해봐서는 아직 과거의 남자가 죽지 못한 모습이다. 아이를 사랑한다면 사실 뭔들 못하겠는가? 자아, 자존심, 뭐가 되었든 내려놓을 수 있는 사람이 아빠다.

## 아이는 부모를 포기하지 않는다.
## 부모만이 아이를 포기한다.

아이는 부모를 포기하지 않는다. 부모를 포기하는 아이를 본 적 있는가? 오직 부모만이 아이를 포기한다. 그래서 아빠는 선택해야 한다. 포기할 건지 아니면 좋아하고 사랑하며 끝까지 육아할지 결정해야 한다. 하지만 있어도 없어도 그만인 아빠로 남아서는 안 된다. 그건 포기한다는 것과 같은 의미이기 때문이다.

아빠가 육아를 포기할 수 없는 이유는 사랑에 빚진 사람이기 때문이다. 더구나 한 참 모자란 아빠지만 믿어주고 사랑하며 용서해 주는 아이 때문에 포기해서는 안 된다. 아빠가 뭐라고 이런 사랑을 받겠는가? 아니, 어디서 이런 사랑을 느낄 수 있겠는가?

포기하지 않을 거라면 아빠는 최선을 다해 육아해야 한다. 육아는 널 포기하지 않을 거야! 무슨 일이 있어도 사랑하겠다는 약속이다. 어떤 상황과 환경에서도 함께 하겠다는 확신을 주는 것이 육아인 것이다.

아빠는 육아를 통해 안전함과 안정감을 느끼게 해야 한다. 육아의 목적 중 하나는 아이에게 이 안정감을 주는 것이다. 아이가 안정감을 누리면 세상은 아이의 놀이터가 된다. 두려워도 주저 없이 자기 길을 걷고 어렵지만, 방법을 찾는 사람으로 성장한다. 아빠가 포기하지 않으면 아이는 안정감을 선물 받는다.

## 아빠는 육아의 주인이 돼야 한다.

아빠는 출근하기 싫은 직원으로 시작해 행복한 오너로 끝나는 육아 스토리의 주인공이 돼야 한다. 그리고 그 오너는 여유 만만하고 확신에 차 있으며 문제를 오히려 반기는 사람일 것이다.

육아는 부모가 되는 과정이며 사랑을 배우는 과정이다. 그런데 육아가 과정이라면 반드시 끝이 있다는 의미기도 하다. 아빠는 그 끝이 행복할 수 있도록 방향을 설정하고 시간과 에너지를 투자해야 한다. 이런 사람이 육아의 주인이 되는 것이다.

요즘엔 부모를 갈아 넣는 게 육아라고 말들 한다. 그만큼 힘들다는 뜻이지만, 사랑한다는 표현을 돌려 한 것으로 생각한다. 사랑하지 않으면서 자신을 갈아 넣을 사람은 없기 때문이다.

부모는 스스로 기꺼이 육아에 자신을 갈아 넣는 사람이다. 사실 육아엔 수동태가 없다. 오직 능동태만이 존재할 뿐이다. 만약, 수동태로 육아 중인 아빠가 있다면 위선의 육아 중 일지도 모른다.

아빠가 수동태이어야 할 때는 한 가지 경우로 엄마 말을 들을 때뿐이다. 그 외엔 언제나 능동적으로 육아해야 한다. 아빠는 능동적으로 육아를 선택해야 한다. 그렇게 할 때만 육아의 주인이라 부를 수 있기 때문이다.

아빠가 능동적으로 자신을 갈아 넣으면 육아가 안 될 수가 없다. 말뿐 아니라 아빠의 시간과 에너지를 갈아 넣으면 육아의 아름다움을 볼 수 있다.

## 내 것이지 못 한 육아는 돕는 육아일 수밖에 없다.

육아는 돕는 게 아니라 그냥 하는 것이다. 육아는 해주는 게 아니라 자신에게 주어진 삶을 그냥 사는 것이다. 육아가 인생의 위기일지 기회일지는 육아를 대하는 아빠의 태도에 달려있다.

엄마와 아빠는 완전한 타인이다. 다만, 사랑하고 있다는 게 다를 뿐이다. 그래서 두 사람에게 주어진 육아의 의미와 분량은 각각 존재한다. 엄마의 육아가 있고 아빠의 육아가 있는 것이다. 그런데 아빠는 때로 이것을 하나라고 착각한다. 그 착각의 결과 중 하나가 독박 육아다.

자기 몫의 육아가 있기에 아빠는 본인 육아를 해야 한다. 아빠 육아의 대안이 엄마일 수는 없기 때문이다. 아빠가 자기 육아를 하면 독박 육아는 설 자리를 잃게 된다.

남자는 관심 있는 여자에겐 없는 시간도 만들어서 간다. 남자는 정말 사랑하면 자기 생각과 삶의 방식을 바꾸려 한다. 자기를 포기하지 않고 사랑하는 사람은 없기 때문이다. 육아는 자신을 포기하는 일이다. 그래서 육아라는 행위 자체를 사랑이라 할 수 있다. 하지만 자신을 포기하는 일만큼 힘든 일도 없다. 하지만 지금 자기를 포기하지 않으면 남은 육아의 삶이 힘들지도 모른다.

아빠는 시간과 체력이 남아서 육아하는 게 아니다. 아이를 책임지고 사랑하기에 육아하는 것이다. 어렵고 불편하고 귀찮고 마음에 안 드는 상황이지만, 모든 상황을 뚫고 육아하는 아빠가 육아의 경영자가 될 수 있다.

## 육아가 아빠에게 바라는 것

과거의 남자가 죽을 때 육아는 살아난다. 이때 아빠도 죽을 것 같지만, 어쩔 수 없다. 하지만 견디고 버티면 다시 살아나는 자신을 발견할 수 있다. 아빠는 육아로 다시 사는 사람이다.

육아가 아빠에게 바라는 건 단순하다. 성장하고 성숙해 달라는 것이다. 옛 습관을 버리고 알을 깨고 나온 어른다움의 모습을 보여달라는 것이다. 아빠가 되었다면 이미 육아라는 갱생 프로그램 안에 들어온 사람이다. 싫어요! 죽겠어요! 돌아가고 싶어요! 해도 어쩔 수 없다. 받아들이고 살아내는 것이 아빠의 삶이다.

아빠는 육아를 통해 다시 태어나야 한다. 힘들고 하기 싫을 때도 있지만, 이상하게 행복한 자신을 발견해야 한다. 육아를 통해 인생의 기쁨과 설렘과 의미를 만난 행운의 사람이 돼야 한다.

육아는 죽은 아빠도 살려낸다. 아빠는 다시 살아난 자에게만 허락된 사랑과 행복을 누려야 한다. 이것이 육아가 아빠에게 바라는 삶이다.

# 육아에서 지고 망하는 지름길 ──────────
────────── 육아는 원팀을 원한다

## 팀플레이가 되면 육아가 쉬워진다.

엄마와 팀플레이가 안 되는 아빠는 육아에서 위기를 맞게 된다. 아빠의 개인플레이가 육아에선 지고 망하는 지름길이다. 아빠의 개인 시간이 늘면 엄마의 억울함과 섭섭함이 함께 늘어난다. 아빠는 모든 생활과 선택에서 이 같은 상황을 고려할 필요가 있다.

하지만 개인 시간이 필요 없는 사람은 없다. 평소 그런 시간의 존재를 의심하는 사람도 육아 며칠 만에 혼자만의 시간이 간절해 질지도 모른다. 반면, 육아에서 개인 시간이란 시간 그 이상의 의미를 갖는다.

하지만 육아에서 개인 시간을 가지려면 조건이 있다. 이를테면 아빠의 개인 시간은 엄마와 합의된 시간을 말한다.

반면, 육아에서 그렇지 못한 모든 시간은 독박 육아를 의미한다. 그렇기에 아빠의 개인 시간은 엄마의 배려와 동의가 전제된 시간이라 할 수 있다.

육아에서 배려나 동의가 없으면 어느 한쪽은 억울하고 가난한 육아를 하게 된다. 아빠의 개인플레이는 육아뿐 아니라 아이와 엄마에게 생각보다 많은 영향을 미친다.

## 퇴근 후 아기부터 받아야 하는 이유

엄마의 억울함과 서러움은 육아 한 가지 때문은 아니다. 그것은 아빠가 엄마 마음을 몰라 줄 때 생기는 감정이다. 하지만 퇴근한 아빠가 "자기야, 온종일 한 끼도 제대로 못 먹었지? 이제 내가 볼 테니까 밥부터 편하게 먹어." 라며 이해해 주면 눈물을 보일지도 모를 엄마다. 아빠는 엄마 마음을 읽어 줘야 한다.

아빠가 엄마 마음을 몰라주면 억울하고 가난한 육아를 하게 된다. 만약, 그런 마음을 읽어주는 게 어려운 아빠가 있다면 퇴근 후 아기부터 받거나 온전히 놀아주는 것을 추천한다. 그래야 엄마도 숨 쉴 수 있기 때문이다.

일하고 돌아온 아빠도 지치고 힘들다. 하지만 엄마는 더한 상황일지도 모른다. 올림픽 금메달리스트에게 육아와 운동 중 뭐가 더 힘드냐고 물었더니 당연히 육아라 답했다.

인정하기 어려워도 일보다 육아가 힘들다. 그 힘든 걸 엄마 혼자 온종일 해 왔다는 걸 아는 아빠는 퇴근 후 아이부터 받게 돼 있다.

## 아빠는 팀플레이에서 선수이자 감독이다.

육아를 축구에 비유하면 아빠는 선수이면서 감독이다. 겉보기엔 엄마가 감독 같지만, 엄마는 주장격이다. 아빠는 육아의 감독 역할을 해야 한다. 이를테면 팀의 방향과 성격을 정하고 전략과 비전을 제시할 의무가 아빠에게 있는 것이다.

어떻게 하면 아내와 좋은 관계를 유지할 수 있을지? 자기 육아의 강점과 보완점은 무엇인지? 육아로 더 행복할 방법은 무엇인지? 생각하고 고민해서 아내와 공유하는 것이 감독으로서 아빠가 할 일이다.

하지만 엄마에게 자기야! 이것 봐봐 내가 우리 육아의 비전을 제시해 볼게! 하면 이 인간이 또 왜 이러나? 무시와 괄시를 받기도 한다. 하지만 아빠는 육아의 비전을 말해야 한다. 육아의 방향 제시가 감독으로서 아빠가 해야 할 의무고 책임이기 때문이다.

## 다시 배우는 아빠의 언어

말엔 힘이 있어서 아빠가 하는 말은 엄마와 아이를 살리기도 죽이기도 한다. 그렇기에 아빠는 살살 밀어 넣는 언어를 구사해야 한다. 부정적이고 거친 말을 걸러내는 수고를 기꺼이 해야 한다는 의미다.

비전을 제시하는 말은 살리는 언어다. 반대로 비교하고 남 탓하는 말은 죽이는 언어라 할 수 있다. 당연히 아빠는 이 살리는 언어를 사용해야 한다. 더구나 엄마와 원팀이 되고 팀플레이가 이뤄지려면 그래야만 한다. 아빠는 살리는 언어를 배우고 변화시켜야 한다. 아빠는 익숙한 말을 버리고 아내처럼 말해야 한다. 아내는 남편의 언어교사다. 육아에서 아내가 쓰는 단어와 뉘앙스를 따라 하면 아빠의 언어가 빠르게 달라질 수 있다.

이 변화된 언어로 아빠는 육아의 비전을 외치는 스피커가 돼야 한다. 말을 잘하고 못하고는 중요하지 않다. 핵심은 아빠가 가족과 육아에 대한 비전이 있고 그것을 말할 수 있다는 것이다.

육아를 위한 원팀은 의사소통이라는 뼈 대위에서 만 가능하다.

팀플레이를 하면 육아가 쉬워진다. 아빠의 언어가 변해야 원팀이 되어 팀플레이를 할 수 있다.

아빠의 언어가 달라졌다는 신호가 있다. 아빠가 엄마의 말을 듣는 모습이 그것이다. 정확히는 엄마 말을 끝까지 듣는 것이 언어 변화의 출발선이라 할 수 있다.

아빠는 엄마가 말하면 딴생각 말고 경청해야 한다. 엄마의 말에 관심을 가지고 끝까지 듣는 태도가 변화의 시작이다.

물론, 답답할 것이다. 감정적 단어가 많고 요점을 듣기까지 서론이 길 수도 있다. 하지만 말을 끊지 말고 견뎌야 한다. 듣는 것! 이것이 소통의 첫걸음이다. 대화가 되면 원팀이 될 수 있다. 아빠는 대를 위해 소를 희생할 수 있어야 한다.

## 아내만이 진짜다.

아빠는 자기 삶에 육아를 잘 정착시켜야 한다. 육아를 삶으로 받아들이지 못하면 개인플레이를 하게 되고 당연히 육아의 비전도 제시할 수 없다.

육아를 받아들이고 지속 가능한 육아까지 쉽지 않은 과정이지만, 아빠에겐 그런 과정을 잘 넘길 수 있도록 돕는 아내가 옆에 있다. 아내는 아빠 자신도 자기를 믿지 못할 때 믿어 준 유일한 사람이다. 지금이 아니라 아빠가 된 미래의 남자를 본 사람이 바로 아내인 것이다.

아빠는 육아가 힘들면 아내를 봐야 한다. 봤더니 더 스트레스인 상황만 아니라면 정말 그래야 한다. 힘들 때 나를 떠나지 않는 사람이 진짜이기 때문이다. 아내가 진짜다.

## 아내가 오면 모든 빡침이 사라진다.

아내와 근무 시간이 다른 날엔 혼자 아이들을 어린이집에서 찾아 집에 간다. 앞으로 한 주 동안은 저녁 해서 먹이고 씻기고 놀아주고 재우기까지 그야말로 독박 육아가 예정돼 있다.

아이들을 차에 태우자 둘째가 급발진하며 보채고 울기 시작한다. 이유 없는 급발진 상황에선 빨리 집에 가는 게 답이다.

아내가 알면 기겁하겠지만, 아이가 울면 아빠는 과속할 수밖에 없다. 아이가 타고 있어요! 스티커 차량이 과속 중이면 비슷한 상황일 가능성이 크다.

그렇게 도착해 손 씻고 옷을 갈아 입히고 놀리다 저녁을 준비한다. 주중엔 TV 시청이 금지라서 아이들은 내 바지 끄덩이를 잡고 놓아주질 않는다. 그 모진 시련과 시험을 넘어 저녁이 완성되면 다시 먹이는 전쟁이 시작된다.

아직도 아내가 오려면 한참이나 남았기에 책 읽어주고 싸움 놀이, 꼭꼭 숨어라, 그대로 멈춰라. 별의별 놀이를 다 하다 보면 목욕 시간이 된다. 하기 싫다고 도망 다니는 아이들을 하나씩 잡아 씻기고 양치까지 시키고 침대에 눕힌다.

그런데 아이를 차에 태우고 눕기까지 아빠는 몇 번이나 욱했을까? 정확히 아이들을 찾는 순간부터 아내가 현관문을 열기 전까지다. 삐비빅 소리와 함께 현관문이 열리면 신기할 정도로 모든 빡침이 한순간에 사라진다.

아내는 아빠의 불같은 화를 꺼트리는 소방관이고 욱을 눌러주는 상담가이자 다시 육아할 수 있도록 돕는 치료사다.

## 부부 사이가 나쁘면 아이가 다친다.

엄마 아빠의 관계는 집안 공기와 같다. 둘 사이가 좋으면 집 분위기가 가을 하늘처럼 쾌청하고 나쁘면 이상 기류로 집안 전체가 무거워진다.

부부 사이가 좋으면 육아의 웬만한 문제는 쉽게 해결된다. 하지만 반대인 경우엔 아주 쉬운 문제도 쉽게 넘기질 못한다.

아내와 사이가 좋을 땐 뭐든 재미있다. 긍정이 흘러넘쳐 힘들어도 웃을 수 있고 육아의 과정 자체가 즐겁게 느껴진다.

하지만 관계에 문제가 생기면 일상생활과 육아가 제대로 굴러 가질 못한다. 육아는 원팀을 원하는데 자꾸만 개인플레이를 하게 되는 것이다.

아빠는 원하든 원치 않든 가족의 분위기 메이커다. 아빠의 인상 하나에 분위기가 좌지우지하기 때문이다. 인정하기 싫어도 아빠 는 가정에서 그런 힘을 부여받은 존재다.

그래서 아빠는 웃어야 한다. 또 웃겨야 한다. 안 먹힐 줄 알지만, 농담해야 하고 의성어와 의태어를 자유자재로 낼 수 있어야 한 다.

어떤 회사 대표는 출근하면 일부러 더 웃는다고 한다. 대표가 인상 쓰고 있으면 직원들이 걱정하기에 그렇게 한다고 한다. 누 가 좋은 아빠일까? 웃는 아빠가 좋은 아빠다. 웃겨주는 아빠가 아 이들에겐 최고의 아빠다. 웃겨주고 웃어주면 그게 곧 사랑인 것 이다.

부부 사이가 좋아야 하는 이유 중엔 아이 안전 문제도 있다. 부 부 사이가 아이의 안전에 영향을 주기 때문이다. 엄마 아빠가 싸 우면 아이 마음도 아프지만, 실제로 아이가 다치기도 한다.

대화가 막힌 부부는 핸드폰만 보게 된다. 이런 상태에선 부모의 안전망이 정상 작동하지 못한다. 아이가 안전을 보장받지 못하게 되는 것이다.

그래서 싸우더라도 지켜야 할 선이 있다. 무엇보다 육아를 멈추면 안 된다. 아빠는 싸우더라도 육아를 계속해야 한다. 밥하는 걸 멈춰서는 안 되고 씻기고 입히고 재우는 걸 멈춰서도 안 된다. 하지만 전혀 그럴 기분이 아닌데 어떻게 그렇게 할 수 있을까? 이때 필요한 것이 아빠의 정체성이다.

아빠는 사랑과 관계를 최우선에 둔 사람이다. 과거의 습관에서 벗어나 육아를 선택한 사람이 아빠라는 사실을 기억해야 한다.

# 육아는 흔들 수 있는 깃발이다.
## 식어진 남자의 가슴에 불붙이는 육아

### 아저씨가 심심한 이유

청년에겐 흔들 수 있는 깃발, 변하지 않는 신념, 부를 수 있는 노래가 필요하다고 한다. 하지만 꼭 젊은 사람에게만 그런 것은 아니다. 지금의 내게도 새로운 깃발은 필요하기 때문이다.

아내가 들으면 기겁할지도 모르지만, 남자의 가슴엔 나이와 상관없이 불타오르고 도전하고 싶은 뭔가가 있다. 하지만 자칫 이런 열정이 오감의 즐거움과 돈에 집중되면 천박한 아저씨로 보이기도 한다.

인생의 황금기에 해당하는 연령대를 뽑는다면 나와 같은 40대를 아닐까 싶다. 일단, 시간 투자가 가능하고 돈도 조금 있는 상태이기 때문이다. 젊을 때는 돈이 없고, 나이 먹으면 시간이 없다던 두 상황의 교차점 지금인 것이다.

하지만 인생의 황금기에도 심심한 아저씨가 있다. 바로 흔들 수 있는 깃발이 없는 아저씨가 대표적이다. 이 심심한 아저씨는 졸리다와 뭐하지를 입에 달고 산다. 그러다 맛집을 찾고 캠핑과 자전거, 전자제품에 목을 매고 딜러보다 차를 잘 아는 차쟁이가 되기도 한다.

이런 아저씨에겐 갈망을 채워줄 뭔가가 필요하다. 잊고 있던 사자의 심장을 다시 뛰게 할 깃발이 필요한 것이다. 육아는 심심한 아저씨 인생을 뒤흔들 수 있는 깃발이다. 육아를 통해 인생의 재미와 기쁨과 의미를 찾을 수 있기 때문이다.

육아를 제대로 하면 안정적인 만족함을 얻게 된다. 가슴은 뜨거워지고 삶의 의미는 진해진다.  게다가 육아는 나만 보이던 눈을 돌려 아이와 주변까지 보게 한다.

육아가 확장되면 개인의 성장과 성숙, 가정과 직장, 한 나라까지 그 의미가 넓어진다. 어쩌면 이런 육아에도 뛰지 않는 가슴이라면 이미 죽은 가슴일지도 모른다.

육아는 식어진 아빠의 가슴에 불을 붙인다. 하지만 앞서 말했듯 모든 아빠가 불타오르는 건 아니다. 그것은 아빠의 태도와 의지에 달려있으며 선택에 따라 불이 붙을지 아니면 화만 날지가 결정된다.

## 누구나 인생 깃발 하나쯤은 있어야 한다.

육아는 흔들 수 있는 깃발이다. 인생에서 이런 깃발을 가진 사람이 행복한 사람이라 할 수 있다. 자기 깃발을 빨리 발견한 사람은 공부하고, 준비하고, 때가 왔을 때 비로소 움직인다. 인생 깃발을 가진 사람은 어려운 상황에 물러서지 않고 전진하는 힘이 있다.

전쟁 영화를 보는데 주인공의 군대에 퇴각 명령이 떨어졌다. 이 명령에 깃발을 든 병사는 적의 반대편으로 뛰기 시작했다. 하지만 이걸 본 주인공의 생각은 달랐다. 주인공은 그 깃발을 빼앗아 다시 적군 쪽으로 뛰었다. 그러자 도망치기 바쁘던 모든 군인이 그를 뒤따라 적의 본진으로 들어갔다.

인생 깃발은 주저함 대신 기꺼이, 나중에 대신 지금 움직일 수 있게 한다. 상황이나 환경을 보는 게 아니라 목적을 보게 하는 것이다. 그래서 한 사람의 인생 깃발을 보면 어떤 가치를 추구하는지 무엇을 위해 살아가는지 알 수 있다.

육아가 전쟁 같다면 지금은 후퇴할 때가 아니라 오히려 진격할 때다. 아빠는 깃발을 들고 육아한 가운데로 뛰어야 한다. 온갖 어려움을 돌파하며 전진할 때 승리도 맛볼 수 있게 된다. 깃발을 가진 사람이 고된 삶 속에서 고귀한 승리를 외칠 수 있는 사람인 것이다.

무엇보다 육아엔 후퇴가 없다. 링컨의 말처럼 육아도 느리게 갈망정 절대로 지체하거나 퇴보해서는 안 된다. 아이가 성장을 멈추지 않는 것처럼 아빠도 성장하고 성숙하는 걸 멈출 순 없다.

흔들 수 있는 깃발은 인생에 고귀한 슬로건 하나가 생겼다는 의미다. 아빠라면 이 육아의 깃발을 흔들 수 있어야 한다. 어쩌면 아빠의 깃발을 보고 다른 아빠가 힘을 얻고 육아 속으로 전진할지도 모를 일이다.

## 육아는 신념과 일관성을 외치는 일이다.

육아는 신념에 대해 끊임없이 의심하고 생각하게 만드는 힘이 있다. 그리고 이 신념은 일관성과는 뗄 수 없는 관계다. 어떤 사람의 말과 행동이 일관성 있게 표현될 때 신념을 엿볼 수 있기 때문이다.

육아에선 일관성이 굉장히 중요한 요소다. 하지만 대부분은 일관성 지키기에 실패한다. 왜일까? 그건 일관성을 규칙으로 생각하기 때문이다. 규칙은 한두 번은 따를 수 있지만, 상황과 환경이 변하면 장담하기 어렵다.

한 엄마도 일관성이 중요해서 어릴 때부터 제시간에 먹이고 씻기고 재우고 훈육도 그렇게 하려고 애썼다. 하지만 집에선 그나마 일관성을 지킬 수 있었는데 밖에선 이제까지 해 왔던 것이 무너져 결국, 다 소용없구나! 싶었다고 한다.

육아에서 말하는 일관성이란 규칙이 아니다. 육아에서 의미하는 일관성이란 부모의 태도를 말한다. 이를테면 어려운 상황에서도 긍정적인 자세를 유지하려는 모습이 일관성 있는 육아라 할 수 있다.

육아는 상황과 환경에 따라 변해야 한다. 하지만 태도가 변해서는 안 된다. 이 태도를 지키려는 것이 일관성이고 이 모습에서 신념이 엿보이는 것이다.

일관성에 관해 이야기할 때 한 가지 더 봐야 할 것이 있는데 바로 예측 가능한 행동이다. 육아는 아이에게 예측 가능한 부모가 돼 주는 것이라 할 수 있다.

아빠가 예측 가능해지면 아이는 아빠를 신뢰하고 안정감을 느낀다. 육아에서 일관성이 중요한 이유다. 우리가 욱하는 사람을 싫어하는 이유는 예측할 수 없기 때문이다. 아이도 그런 아빠에게선 안정감을 느낄 수 없다.

아이가 아빠를 신뢰하고 안정감을 느끼고 있다면 일관성 있게 육아하고 있다는 증거다. 아이와의 신뢰 관계는 아빠의 일관성 있는 태도를 기본으로 한다.

## 아빠만큼 좋은 멘토는 없다.

아빠는 아이와 아내와 가정을 이끄는 리더다. 이 부담스러운 역할이 아빠의 운명이며 숙명이라 할 수 있다. 무조건할 수 있다! 아무것도 아니다! 어느 아빠라도 그렇게 하고 있다! 고 말하진 못하겠다. 가장의 무게란 말로는 설명할 수 없는 수고스럽고도 무거운 책임감이기 때문이다.

하지만 느껴야 할 부담이라면 더 크게 느끼며 받아들이면 좋겠다. 삶은 고통을 잘 받아들이면 그때부터 고통이 사라지는 이상한 법칙을 따르고 있기 때문이다.

삶에 육아를 받아들여 생활이 되면 그때부터 진짜 아빠의 삶이 시작된다. 남자에서 아빠가 되고 위선의 육아가 아닌 진짜 육아를 할 수 있게 되는 것이다.

아빠의 모든 변화는 모두 아이를 위한 것이다. 아이에겐 믿고 따를 수 있는 멘토가 필요하다. 이 역할을 하려면 아빠에겐 좋은

변화가 필요하다. 설령 아빠가 그렇지 못하면 그런 멘토라도 만
날 수 있도록 안내하는 것이 아빠의 의무라 할 수 있다.

하지만 결국, 아이는 아빠를 닮게 되어있다. 아빠가 싫어도 아
이는 아빠를 멘토로 삼는다. 그렇기에 나약한 소리는 접어두고
최선을 다해 멋진 멘토가 돼야 한다.

능력이 많아서, 가진 게 많아서, 배운 게 많아서 될 수 있는 멘토
가 아니다. 아이를 사랑해야 가능한 멘토이기에 아빠만 한 멘토
도 없는 것이다.

아빠는 아이의 평생 친구다. 하지만 동등한 위치에 있는 친구가
아니라 권위 있는 친구다. 친구가 좋은 이유는 이야기를 들어주
기 때문이다. 아이는 자신의 모든 문제보다 아빠가 크게 보일 때
자기 속마음을 들려준다.

인생에서 친하게 지내는 사람의 수는 3~4명 정도라고 한다. 사
실 한두 명만 있어도 성공한 인생이다. 부모가 아이의 진정한 친
구가 되어주면 아이는 성공한 인생의 디폴트 값을 갖게 되는 것
이다.

## 육아는 아이의 디폴트값을 정해주는 과정이다.

육아는 아이 내면의 디폴트 값을 정해주는 작업이다. 디폴트 값

은 미리 정해진 기본값을 뜻한다. 그런데 성공한 사람은 이 디폴트 값이 좋다고 한다. 이를테면 예의 바름, 참을성, 긍정적 태도, 자기 존중감, 자기 통제력, 좋은 인간관계 등을 의미한다.

일하는 곳에 사람이 새로 오면 몇 초 만에 그 사람에 대한 평가가 끝난다. 부당해 보이는 이 평가의 기준은 인사성이다. 처음 보는 사람에게 밝게 인사하는 사람이 있는가 하면 아닌 사람도 있다. 말은 안 하지만, 한 번의 인사가 호불호를 결정해 버리는 것이다. 평가받는 사람은 황당하겠지만, 실제로 있는 일이다. 인사성은 좋은 디폴트값에 속하는 게 맞는 것 같다.

밝은 인사성이란 이 디폴트 값은 어떻게 정해지는 걸까? 왜 사람마다 차이가 있을까? 적어도 한 가지 분명한 것은 부모에게서 그 답을 찾을 수 있다는 것이다.

## 인사 잘하는 아이에겐 그런 부모가 있다.

부모가 인사를 잘하면 아이도 인사를 잘한다. 아이가 누구를 보더라도 인사를 잘해요! 아버님이 그러신가 봐요! 어린이집 선생님이 하는 말을 들어도 봐도 어느 정도는 맞는 것 같다.

아이에게 아빠는 첫 번째 롤모델이다. 아이는 아빠의 등을 보고 자라고 행동을 모방해 자기 것으로 만든다. 아이는 가르치는 것보다 보고 배우는 게 많다. 아빠를 보고 배운 아이는 아빠를 닮는다.

하지만 아빠에겐 이 사실이 부담스럽다. 닮지 않았으면 하는 모습을 너무 잘 알고 있기 때문이다. 하지만 이 불안을 해소할 방법은 다른 것에 있지 않다. 더 괜찮은 아빠가 되는 수밖에 없다. 더 괜찮은 아빠가 되려면 아빠 자신을 돌아봐야 한다. 좋은 디폴트 값을 가지려면 삶을 반성하는 습관이 필요하기 때문이다.

성공한 사람 대부분은 자기를 돌아보는 능력이 뛰어나다고 한다. 자기 성찰과 자기 객관화가 가능한 것이다. 자기 객관화가 잘 된 아빠는 아이에게 좋은 디폴트 값을 보여줄 수 있다.

## 육아가 쉬웠던 적은 한 번도 없다.

육아가 항상 기쁘고 행복하다는 거짓말을 하고 싶진 않다. 육아는 힘들고 괴롭다. 삶이기 때문이다. 삶이 쉬웠던 적은 한 번도 없다. 하지만 어려움 속에서도 기쁨과 설렘과 의미가 깊어지는 육아다.

육아를 제대로 하면 변화가 일어난다. 아빠는 육아가 주는 자극에 과감히 반응해야 한다. 육아가 되고 육아할 수 있는 방향으로 삶을 유턴해야 한다.

누군가 인생이 달라질 기회를 준다면 어떻게 하겠는가? 그런 기회라면 주저 없이 달려들어야 한다. 육아가 그런 인생의 기회다. 육아는 아빠 인생을 송두리째 바꿔놓을 사건이라 할 수 있다.

육아하며 자신을 발견하지 못했다면 방향 수정이 필요한 상태일지도 모른다. 아빠가 되고 육아도 열심히 하는데도 성장도 성숙하지도 못했다면 무조건 달라져야 한다.

육아에 미쳐있는 아빠를 안타깝게도 못 본 것 같다. 그래서 배우고 따르고 싶은 아빠도 아직 만나지 못했다. 게다가 그런 아빠를 만나기가 쉽지 않을 것 같아서 내가 육아에 미친 사람이 되어보기로 했다. 육아가 아빠 삶을 어떻게 변화시키는지 직접 확인해 볼 길은 이 방법밖에 없기 때문이다.

아빠는 육아의 삶을 통해 팔딱거리는 싱싱함을 되찾아야 한다. 육아의 겉만 알고 끝나는 것만큼 안타까운 일도 없다고 생각한다. 육아를 조금만 자세히 보면 사람을 변화시키는데 최적화된 시스템이란 걸 알 수 있다. 육아엔 적당함이 없다. 내 육아가 적당한 건 내가 적당히 하기 때문이다. 마음도 반만 쏟고 몸도 반만 쓰면 육아도 반밖에 알 수 없다.

아빠는 화살 같은 시간을 안타까워해야 한다. 그래서 다시금 육아에 간절함을 품어야 한다. 사실 아빠에겐 육아할 시간이 별로 남지 않았다.

# Part 2

# 육아에서 살아남기
# : 극한도전 편

# 육아 성공 키워드 : 태도
## 누구도 육아가 적성일 리 없다.

## 아내의 적성에 육아는 없었다.

아내는 육아를 좋아한다! 아니, 적어도 육아를 싫어하진 않는다! 힘들어도 아빠보다는 할 만한 것 같다! 모두 아빠들의 흔한 착각이다. 사실 아내의 적성에도 육아는 없다. 아내의 육아가 가능한 이유는 육아를 대하는 태도가 아빠와 다르기 때문이다.

오빠, 아무래도 난 육아할 적성은 아닌가 봐! 힘들어도 웃는 아내였는데 이 말을 듣고 보니 아내의 적성에도 육아가 없다는 걸 알게 됐다. 솔직히 아내에게 그런 적성이 있는지 생각해 본 적이 없는 것 같다. 진심 가득한 한탄을 듣고 보니 아내도 치열하게 육아 중인 엄마일 뿐이란 걸 새삼 깨달았다.

하지만 며칠 만 있으면 아내는 복직이다. 그리고 그 육아 바통을 내가 받는다. 정작 내 코가 석 자란 사실이 이제야 실감 나기 시작했다. 멘탈 센 아내가 이 정도인데 나는 어떨까? 나라고 육아에 맞는 적성이 있을까?

## 태도는 적성을 이기고도 남는다.

어떤 일에 맞는 능력이나 소질을 말하는 적성. 살면서 이 말을 심심치 않게 들었다. 그런데 이상하게 부정적인 이미지가 대부분이었다. 이를테면 적성에 안 맞아 못하겠다! 이건 내 적성이 아니다! 적성에 안 맞으면 그만둬라! 같은 말로 기억된다.

흔히 적성 때문에 하고 싶은 걸 못하거나 막히는 경우가 많다고 한다. 이게 사실이라면 적성이 우리 삶에 주는 영향력이란 생각보다 큰 것 같다.

그래서 적성에 안 맞으면 그만둬야지! 적성이 그런데 어떻게 하겠어! 라며 쉽게 포기하는 이유로 삼기도 하고 심지어 하기 싫고 피하고 싶을 때 내미는 프리패스가 될 때도 있다.

예전엔 적성과 마음에 안 드는 일을 구분하지 못했다. 하지만 적성과 마음에 들지 않는 일은 완전히 다른 개념이기에 어떤 일을 할 땐 이 둘을 반드시 구분해야 한다.

이후에 알았지만, 적성은 뭔가를 하고자 하는 태도 앞에선 힘이 없다. 이를테면 적성에 맞지 않으면 그 일에 맞는 적성을 만들면 된다는 태도 앞에서 적성은 그저 한 사람의 성향을 보여주는 지표일 뿐이다.

적성은 그저 참고 사항일 뿐이다. 학창시절 적성검사에 따르면 난 농사 짓고 있어야 한다. 하지만 간호사로 살고 있다.

육아에 적성이 없는 것 같다면 육아에 맞는 적성을 만들면 된다. 이런 태도가 육아를 가능케 하는 것이다. 육아는 적성으로 하는 게 아니라 육아하고자 하는 사람의 태도와 의지로 가능한 일이다.

하지만 모두가 동의하진 못할 것이다. 현실적이지도 이성적이지도 않을뿐더러 그저 이상향에 가까운 말로 들릴 수 있기 때문이다.

하지만 삶이 그러하듯, 육아를 가능케 하는 것도 눈에 보이지 않는 것이 대부분이다. 심지어 더 중요할 때도 많다. 책 어린 왕자의 말처럼 정말 중요한 것은 보이지 않기 때문이다.

## 눈에 보이지 않는다는 육아의 필수 요소

그럼 대체 육아는 무엇으로 가능한 걸까? 돈도 아니고 육아템이나 전문가의 조언도 아니라면 말이다.

아빠가 육아하기 위해선 육아를 위한 필수 요소가 필요하다. 이를테면 아이를 걱정하는 마음, 아프면 느껴지는 불안, 더딘 발달로 인한 근심, 안쓰러움, 안타까움, 가여움, 우유 다 먹었을 때의 기특함, 대소변 가렸을 때의 대견함, 별것도 아닌 것에 아빠를 부르는 신기함, 떡실신 했을 때의 평화로움, 아이 눈 속에 별을 보는 경이로움, 힘들어도 이상하게 느껴지는 행복함, 아이만 건강하면 다 될 것 같은 자신감, 그리고 이 모든 걸 아우르는 사랑이 육아를 위한 필수 요소라 할 수 있다.

사실 육아하는 그 마음을 어떻게 보여줄 수 있겠는가? 말로는 불가능한 일이다. 육아하려는 마음은 보이지 않는다. 다만, 느껴지고 깨달아지고 받아들인 부모만 알 수 있는 가치다. 성장하고 성숙한 부모 눈엔 보이고 그런 사랑을 받은 아이만이 알 수 있을 뿐이다. 사실 아빠는 이거면 됐다 싶을 때가 많다.

육아엔 다른 사람이 볼 수 없는 부모와 아이만의 세상이 있다. 그 세상을 공유하고 그 세상 안에서 사랑하며 사는 것이다.

내 눈엔 이상하게 보이는 커플의 말과 행동이 갖는 의미와 가치는 그들만의 것이다. 누군가가 이해하고 못 하고는 중요하지 않다. 그들만의 세상에서 사랑하며 존재할 수 있으면 그뿐인 것이다.

육아가 사랑과 의지만으로 부족한 것 같다면 그건 사랑과 의지로 하지 않았기 때문이다. 육아는 관계를 만들어가는 과정이다. 돈이 많다고 진정한 친구를 사귈 수 있는가? 우리가 좋은 부모가 될 수 있을까? 안타깝지만 돈으로는 불가능하다. 돈으로는 이해관계와 이해타산만 남을 뿐이다.

육아는 아이 마음에 안정감과 신뢰와 사랑을 심는 행위다. 그런데 태도와 의지가 아닌 다른 것으로 육아하면 그것이 부모를 대체한다. 스마트 폰만 주면 아빠랑 노는 게 심심하게 느껴질 수밖에 없는 게 당연한 것이다.

육아하며 어려움이 많지만 돌파해 나가는 그 심정을 아빠는 아이에게 보여줘야 한다. 아빠 힘들어, 이해해 달라는 말이 아니라 왜 그렇게 하는지, 어떻게 사랑하고 있는지 보여주라는 의미다.

아빠는 육아를 통해 아이에게 사랑의 흔적을 남겨야 한다. 이것이 아빠가 하는 육아의 모습이어야 한다. 그렇게 육아하다 보면 아이가 이런 아빠의 심정을 이해해 줄 날이 온다.

사람 사이는 이심전심으로 만들어진다. 마음이 마음을 알고 느끼고 전하고 받는다. 그래서 때로 마음과 다른 것이 통하면 상처받고 마음이 상해 버린다. 그런 상처는 잘 치유되지도 않는다.

사랑과 관계가 아닌 다른 걸 아이 마음에 심고 싶다면 어쩔 수 없지만, 그 결과는 아빠가 책임져야 한다.

육아를 물질적인 것만으로 채우면 아이는 돈이 최고인 줄 안다. 하지만 마음을 심으면 다른 것도 볼 줄 아는 사람으로 성장한다.

한 아이의 꿈을 물어보았더니 조물주 위에 건물주가 꿈이라며 씩 웃었다. 속으로 이런 망할 놈! 했다. 이 아이에게 꿈과 미래가 있을까? 있다면 고작 건물주가 꿈이어도 괜찮을까? 부모 누구라도 자신 있게 말할 수 없을 것이다.

아이의 꿈이 고작 건물주가 돼서는 안 된다. 백번 양보해서 건물주가 되려면 적어도 엠파이어스테이트 빌딩 주인 정도는 돼야 한다.

가끔 환경도 인기도 별로인 운동 경기에서 메달을 땄다는 뉴스를 접할 때가 있다. 길이 없는 곳을 가야 했던 선수에겐 아마도 별일이 다 있었을 것이다.

인터뷰에 나선 선수는 그 과정을 회상하며 태도를 강조했다. 불편하고 험난할 줄 알면서도 기꺼이 이 길을 가는 것도 의미 있겠다고 선수는 말했다.

상황과 조건이 나빠도 의미가 있으면 사람은 움직인다. 고통스럽지만, 그것 때문에 훈련을 참고 견디는 것이다. 아마도 그 태도가 최정상에 서게 한 힘이었을 것이다.

부모도 다르지 않다. 불편하고 험난할 줄 알면서도 기꺼이 육아를 택한 사람이 부모이기 때문이다. 인생과 육아는 조건이 아니라 태도에 달려있다.

부모에게 아이는 상황과 환경에 따라 변할 수 없는 의미다. 아이라는 존재 자체가 큰 의미를 주기 때문이다. 그래서 힘들게 난임 병원에 다니고 임신 기간을 버티고 견뎌 출산의 고통을 지날 수 있었다고 생각한다. 그렇게 시작된 육아의 삶을 기꺼이 살기로 작정한 사람이 부모인 것이다.

육아는 아이가 주는 기쁨으로 거친 환경과 상황을 헤쳐나가는 배와 같다. 이 항해는 사랑으로 육아하겠다는 태도와 의지로만 가능하다.

## 기꺼이 책임지는 자세를 가진 사람이 어른이다.

기꺼이란 말 속엔 주저 없이란 의미도 있다. 부모가 되었다는 뜻은 기꺼이 아이와 육아를 책임져 보겠다는 의미다. 이러면 힘들겠지?, 저러면 내 시간이 없겠지? 고민하고 갈팡질팡하는 게 아니라 주저 없이 육아로 뛰어든 사람이 바로 부모인 것이다.

세상에서 책임이란 피하고 싶고 가능하다면 다른 사람에게 떠넘기고 싶은 그런 것이다. 그런데 부모는 이 책임을 기꺼이 주저 없이 지겠다고 한다.

옛말에 진짜 어른이 되려면 부모가 돼야 한다는 말이 있다. 이 말은 아이가 있다고 다 어른이 아니라 책임지는 자세와 태도를 가진 사람이 어른이라는 의미다.

아빠는 어른이 되어야 한다. 부모는 책임질 줄 아는 사람이며 적성을 이겨낸 사람들이다. 그래서 육아할 적성은 없지만 육아 중인 아빠라면 어른이라 할 만하다.

## 아이가 사랑과 관심으로 자란다는 뻔한 말의 힘

육아는 태도와 의지로 하는 것이다. 그런데 육아가 돈으로 환산 되는 사람도 있는 것 같다. 저출산 관련 인터뷰에서 아이를 낳으면 그게 다 돈이잖아요! 하는 남편의 말을 듣고 보니 정말 그랬다.

어쩌다 육아가 돈으로 환산된 걸까? 어쩌면 그건 자기중심으로 사는 사람, 자기 행복이 최우선인 사람에겐 자연스러운 환산법칙 일지도 모른다.

한정적인 자원을 자기도 써야 하고 아이에게도 써야 하니 육아 가 경제적 부담으로 다가오는 것이다. 이런 남자가 육아하려면 재벌쯤은 돼야 할 것 같은데 그것도 쉬운 일은 아니다. 탈중심화되지 않고 삶의 우선순위가 바뀌지 않은 이상 안타깝지만, 이 남자에겐 육아가 계속 돈으로 보일 것이다.

그런데 육아는 돈으로 만 되지 않는다. 무슨 소리냐! 돈이 있어야 분유를 사건 기저귀를 사건 할 것 아니냐! 맞는 말이지만, 자기 부모를 생각한다면 틀린 말이다. 우리 부모 전부가 재벌일 순 없기 때문이다.

나를 육아한 부모는 자신보다 아이를 위해 쓰고 개인의 우선순위도 바꿔가며 육아했다. 그래서 지금 나와 당신이 그 자리에 있는 것이다.

육아는 육아하겠다! 책임지겠다! 는 태도와 의지로 가능한 일이다. 아이는 돈으로 크지 않으며 육아도 돈으로 되지 않는다. 부모의 사랑과 관심만이 아이를 성장시키고 육아를 가능케 한다.

## 육아는 나 같은 사람에게도 주어진 고귀한 사명이다.

우린 육아하며 나도 없고 너도 없다는 말을 너무 쉽게 한다. 아이는 기쁨인 동시에 묵직한 책임감이다. 나 같은 사람에게도 주어진 고귀한 사명이 육아인 것이다.

육아가 주는 책임감과 위기는 아빠가 성장하고 성숙하는 데 꼭 필요한 것이다. 더구나 육아 때문에 생기는 어려움은 아무나 경험할 수 없는 부모에게만 주어진 특권이기도 하다.

육아가 마냥 개고생으로 느껴진다면 그건 자신이 덜 성숙하고 덜 객관화 됐으며 육아의 삶을 받아들일 수용성이 낮다고 생각하면 거의 틀리지 않는다.

사실 육아는 살아내면 그뿐인 생활이다. 그저 육아의 삶을 살아내면 육아가 풀리기 시작한다. 하지만 생활이 되지 못하면 육아는 풀리지 않은 문제로 삶 가운데 남게 된다.

아이의 기질보다 중요한 건 부모의 역할이라고 한다. 육아하는 부모의 태도가 아이에겐 가장 큰 영향력이란 뜻이다. 육아하려는 태도와 자세가 육아를 되게 하고 아이에게 좋은 영향을 주는 것이다.

아빠는 없는 적성으로 육아할 게 아니라 기꺼이 책임지려는 태도로 육아해야 한다. 육아는 아이에게 부모의 사랑을 알게 하는 유일한 방법이다. 육아를 해야 사랑이 표현되는 것이다. 육아가 사랑을 표현하는 도구인 것이다.

## 꿔다 놓은 보릿자루가 되는 순간 아빠 육아는 망한다 ──── ──── 어디서나 누구에게나 깝신거릴 수 있는 용기

### 제가 주 양육자입니다만

아이와 아파트 바닥분수에서 놀기 딱 좋은 그런 날이면 더위와 미세먼지를 무릅쓰고서라도 일단 나가고 싶어진다. 하지만 코로나 때문에 사용이 중단됐다는 안내 문구에 발길을 멈추고 보니 일상의 소중함을 다시 한번 느끼게 된다.

아쉬운 대로 물총을 가지고 놀이터로 향했다. 육아휴직을 시작하고 거의 매일 들리는 곳이 놀이터와 집 앞 상가여서 그런지 나만의 핫플레이스 같은 느낌이다. 그래서 새로운 가게가 생기거나 인테리어가 바뀐 집 있으면 바로 눈에 들어온다.

놀이터에서도 그렇다. 누가 뭘 놓고 간 게 한눈에 들어오고 비슷한 시간에 비슷한 사람들이 놀이터에 등장한다는 사실도 알게 됐다.

평일 오전 놀이터엔 아이의 엄마, 할머니, 할아버지, 가끔 쉬는 날 끌려 나온 듯한 아빠가 변함없는 고정 출연자다. 아내 없이 놀이터에 오는 게 조금 어색했던 나도 이젠 고정 패널로 손색없는 것 같다.

물총을 들고 아이와 놀이터 가운데 자릴 잡았다. 분수만큼은 아니지만, 나름 성능 좋은 장난감 덕에 더위를 잊은 듯 시간이 빨리 갔다. 얼마나 놀았을까? 놀이터에 우리만 있는 줄 알았는데 어디선가 말소리가 들려왔다.

모녀지간으로 보이는 중년 여성과 할머니는 아이가 몇 개월인지, 저 아빤 평일 오전에 왜 놀이터에서 놀고 있는지 궁금한 게 많은 것 같았다. 갑자기 이 오지랖 모녀의 궁금증에 답을 주고 싶어 슬금슬금 곁으로 다가섰다.

안녕하세요? 어색한 인사를 건네자 중년 여성은 이제야 답을 얻겠구나 싶은 표정으로 아이 개월 수를 물어왔다. 난 자신 있게 네, 이제 18개월 됐어요! 답했다.

그런데 답을 들은 여성의 고개가 기우뚱했다. 아무래도 기대했던 답이 아니었는지 18개월보단 더 커 보인다며 아이를 위아래로

훑기 시작했다.

　반격하려던 찰라. 옆에서 듣고 있던 할머니가 내 말을 가로채며 뭐, 애 엄마가 잘 알겠지! 퉁명스럽게 말을 이었다. 갑자기 원투 펀치를 맞은 듯 머리 위로 성난 말풍선이 올라갔다.

　아니, 할머니! 제가 주 양육자이고 아빠인데 아이 개월 수도 모르겠어요? 그리고 평일 오전 놀이터에서 놀고 있는 아빠는 사연 있는 사람이 아니에요. 지금 인생에서 가장 의미 있는 시간을 보내고 있는 사람이고 아이에겐 우주와 같은 존재라고요. 육아로 머리 터지는 고뇌의 남자라 말입니다!

　이렇게 사이다 같은 말풍선을 터트리고 싶었지만, 더 후회할지도 모를 급발진을 꾹 참았다. 우연히 만난 모녀에게 아빠 육아를 보는 시선 하나를 건네받은 느낌이었다.

　점심을 먹기 위해 물놀이를 뒤로하고 집으로 올라왔다. 그런데 놀이터에선 활발했던 아이가 조금 풀이 죽어 보이더니 기침 한 번에 열이 나기 시작했다. 추워 보였을 때 멈추지 못했다는 후회가 몰려오고 자책과 속상함에 왠지 모르게 육아의 무게가 배로 느껴졌다.

## 선생님! 제가 안 보이세요?

요즘 감기뿐 아니라 아이가 아픈 날이 잦아지면서 병원 찾는 날이 많아졌다. 감기와 아토피는 물론이고 설소대가 짧아 늘려주는 시술과 이름도 생소한 방아쇠 수지 증후군으로 이 병원 저 병원을 참 다양하게 방문 중이다.

그런데 병원에 갈 때마다 아이 때문에 속상한 건 그렇다 치고 가끔 내가 꿔다 놓은 보릿자루인가 하는 생소한 느낌을 받는다. 마치 조금 전 할머니에게 느꼈던 것과 비슷하면서 조금 다른 버전의 시선이다.

아내와 진료실로 들어서면 의사는 주로 아내에게 설명하려 든다. 내 태도가 소극적이라 그런가 싶다가도 대부분 엄마를 주 양육자로 생각하는 고정관념과 마주하게 되는 것이다.

기억에는 아내와 함께 갔던 산부인과에서 이런 경험을 처음 했다. 그곳이야말로 꿔다 놓은 보릿자루 천국이었는데 아내와 함께 온 남편들은 멀뚱멀뚱 서 있고, 오라면 오고 가라면 가는 게 미덕인 듯 움직였다.

물론, 당사자가 아내여서 그랬겠지만, 그래도 남편은 하나뿐인 보호자 아닌가? 그런데도 괜스레 딸려 나온 혹처럼 보였다. 바로 이 느낌을 소아과에서 다시 경험하게 되다니 당황스러울 수밖에 없었다.

최근 영유아 검진에선 아이의 설소대가 짧다는 말에 병원을 추천받아 방문했다. 진료실로 들어서자 딱 봐도 까칠해 보이는 의사가 우릴 반겼다.

늘 그렇듯 의사는 아내를 보며 이야기를 시작했고 난 점점 보릿자루로 변해갔다. 그런데 이 날따라 유독 심하게 날 없는 사람 취급하는 의사에게 이상하게 화가 나기 시작했다.

하지만 내 감정이야 둘째치고 생살을 잘라야 하는 시술 앞에 난 얼어붙었다. 의사, 간호사 그리고 다시 간호사인 우리가 달려들어 아이 몸을 꽉 잡자 시술이 진행됐다.

몇 초 만에 시술이 끝나고 몇 시간 동안 아이의 입에선 선홍색 피가 멈출 줄 모르고 흘렀다. 피는 새벽이 돼서야 잦아들었다.

다음날 병원에 가려고 준비하는데 불현듯 어제 보릿자루 생각이 스쳤다. 이번엔 내가 아이를 안고 들어가야지! 나도 모르게 비장한 결심 속에 집을 나섰다.

들어오세요! 어제와 비슷하게 의사는 아내에게 말을 걸며 설명을 시작했다. 그러다 틈을 비집고 어제 새벽 5시쯤 보니까 피가 멈추기 시작했다며 괜한 말을 밀어 넣었다. 나도 아이의 보호자며 주된 양육자란 걸 강조하기엔 참 소심한 일격이었다.

이게 무슨 심리전인가 싶었지만, 효과는 있었다. 의사는 나를 보며 보통 다시 붙는 경우는 거의 없는데 그래도 모르니 잘 관찰하라며 설명을 끝냈다. 그렇게 혼자만의 심리전이 끝나자 예! 명랑하고 착실한 추임새가 절로 나왔다.

의사는 내가 아이의 보호자며 양육자인 걸 정말 모르는 걸까? 아마도 의사는 슬쩍 만 봐도 아이와 함께 온 이 사람이 누군지 알았을 것이다. 방문했던 다른 병원에서도 내가 아빠인 걸 몰랐을 사람은 없었으리라 생각한다. 그런데도 굳이 내가 아빠란 걸 강조하고 싶은 건 무슨 심리였을까?

## 보릿자루가 될 것인가? 칼자루가 될 것인가?

난 육아의 모든 부분에서 꿔다 놓은 보릿자루처럼 행동하거나 보이고 싶지 않았다. 또, 육아 앞에 소극적인 모습이 소홀한 아빠로 남을까 봐 두렵기도 했다.

꿔다 놓은 보릿자루 같은 모습은 자기 육아에 확신이 없는 모습이다. 무엇보다 육아가 삶의 우선순위에서 많이 밀려있다는 반증이기도 했다. 방 티가 났을 테고 당연히 사람들은 좀 더 적극적으로 보이는 사람에게 아이 상태를 설명하려 했을 것이다. 결국, 아빠 스스로가 꿔다 놓은 보릿자루를 자처한 셈이다.

육아는 더 적극적인 사람이 하게 되고 그런 사람이 주로 엄마라는 게 아빠 육아를 바라보는 시선에 한몫했다고 생각한다.

육아엔 사소하고 중요한 일이 따로 없다. 육아를 통째로 보자면 다 크고 중요한 일뿐이다. 건조기에서 꺼낸 따끈따끈한 아이 빨래를 개는 일과 설소대 시술 중 꽉 잡는 일, 아이를 간호는 일 모두가 아이에겐 중요한 일이다. 어쩌면 아빠가 편해서 스스로 보릿자루가 되고 싶었던 건 아닌지 솔직해질 필요가 있다.

아내를 행복하게 만드는 방법은 15가지가 넘지만, 남편의 행복은 먹인다. 재운다. 가만히 둔다. 3가지라고 한다.

웃자고 한 말이 진실이 되는 순간 아빠는 그냥 보릿자루를 자처한 남편일 뿐이다. 행복은 3가지 말고도 많다는 걸 남자는 알아야 한다. 아니, 정확히는 알면서도 그러면 안 된다.

육아에서 주인공은 누굴까? 그건 육아하고 있는 사람이다. 그래서 자신이 살아내지 않으면 아무도 대신할 수 없는 이 현실 육아의 남자 주인공은 아빠가 되어야 한다.

솔직히 하루에도 몇 번씩 보릿자루가 될지 칼자루가 될지 선택의 갈림길에 선다. 하지만 육아 앞에 꿔다 놓은 보릿자루 같은 모습일랑 어서 치워야 휴직 동안의 육아든 남은 세월의 육아든 해낼 수 있다. 육아를 삶으로 받아들인 그때부터 변화는 시작되는 것이다.

아빠의 운명이 꿔다놓은 보릿자루일 수는 없다. 하지만 육아를 대하는 태도와 자세가 변하지 않으면 언제 또 그런 신세가 될지도 모른다.

보릿자루가 될지 아니면 아이에게 우주 같은 존재가 될지 아빠의 선택을 기다리는 사람이 많다. 어느 쪽이든 힘든 선택이겠지만, 지금 선택이 아빠가 생각하는 의미와 가치를 보여준다는 것은 확실하다. 아빠는 육아와 아이를 선택해야 한다.

# 육아할 때 버려야 할 것 ─────────
## ───────── 사실은 아까운 것들

## 정체성은 흔들리고 변해야 한다.

육아가 시작되고 자아가 없어진 것 같다는 한 아빠의 말에 한참을 공감했다. 하지만 다시 한번 그 취중 진담을 듣는다면 지금은 고개를 흔들 것 같다.

그 아빠의 사정과 심리적 고통을 전부 아는 건 아니다. 하지만 없어진다는 말이 닳아 없어질 만큼의 육아를 의미하진 않았고 분명 성숙한 부모의 표현도 아니었다.

이런 자기 존재의 부정은 사실 과거의 남자가 사라지고 있다는 신호라 생각한다. 남자가 아빠가 되는 과정에선 이런 느낌과 감정이 자연스러운 모습이며 긍정적인 신호일 수 있다.

남자는 아빠라는 정체성을 가지면서 혼란을 겪게 된다. 이때 듣게 되는 흔한 표현 중 하나가 자아가 없어질 것 같다는 말이다. 하지만 사라져야 할 모습이라면 그래야 한다. 남자가 죽어야 육아가 살기 때문이다.

우리는 흔히 정체성을 지켜야 한다고 말한다. 그래서 육아가 흔드는 정체성을 때로 거부하고 부정하며 마지못해 육아하기도 한다.

하지만 남자가 아빠로 거듭나기 위해 가져야 할 정체성이라면 백번이라도 흔들리고 갈아엎어져야 한다. 사실 아이를 사랑하는 아빠라면 뭔들 못하겠는가? 아빠의 변화가 아이와 육아를 살릴 수 있다면 말이다.

아빠가 만나게 될 육아의 반전은 육아 때문에 성장하고 성숙한 모습으로 다시 태어나는 것에 있다. 죽을 것 같다고 하더니 정말 죽고 완전히 다른 사람이 되는 것이다.

그래서 남자는 정체성을 흔들어준 육아에 오히려 감사해야 할지도 모른다. 이런 기회가 아무에게 오는 것이 아니기 때문이다. 어떤 남자는 죽을 때까지 어린아이로 살기도 하는 걸 보면 정말 그렇기만 하다.

늙으면 다시 어린아이처럼 된다는 게 난 가끔 무섭다. 사실 계속 어린아이로 살았을지도 모르기 때문이다. 사람은 성장하고 성숙해야 한다. 당연히 아빠라면 아빠의 정체성을 가진 신념의 사람으로 살아야 한다.

## 정체성은 원래 변한다. 인생의 낙도 그렇다.

정체성은 사람의 성숙도에 따라 변하고 새롭게 만들어진다. 정체성은 고정된 것이 아니라 유연한 것이다. 사실 살면서 목숨 걸고 지켜야 할 정체성은 몇 가지 안 된다. 그나마 그런 정체성을 가진 사람은 행복한 사람이라 생각한다. 아빠의 정체성이 인생에서 지켜야 할 정체성 중 하나다.

아빠가 육아 때문에 걱정하고 고민하기 시작하면 육아의 방향이 설정되고 지속 가능한 육아의 길이 만들어진다. 고민 없는 육아보다 고뇌가 좋다고 말하는 이유는 그 끝에 아빠의 정체성을 가진 변화된 남자가 있기 때문이다.

육아의 과정은 힘들고 때론 지루하거나 예측불허의 상황에 놓이게 된다. 하지만 관계를 쌓고 사랑을 배우며 부모가 되는 과정이기에 아빠는 단계 하나하나를 몸과 마음으로 지나야 한다.

모든 일엔 항상 양면이 존재하는 것처럼 힘들수록 아빠도 성숙

해 가고 있다는 걸 믿어야 한다. 이걸 즐길 줄 아는 아빠라면 금상
첨화일 것이다.

육아에서 할 일이 많아지고 전보다 분주해졌다면 아이가 성장
하며 요구가 늘어났기 때문이다. 앞으로 자기가 폭발적으로 성장
할 거니까 도와달라는 아이의 요청인 것이다. 이때가 아이를 위
해서라면 과거의 남자쯤은 과감히 버릴 수 있는 아빠가 필요한
시간이라 할 수 있다.

정체성을 달리 말하면 좋아하는 것이라 할 수 있다. 자기가 좋
아하는 것 이를테면 옷, 차, 집, 성공, 편안함, 명예, 돈이 어떤 사
람의 정체성을 말해주기도 한다.

그래서 개인의 죽고 못 사는 낙이 있다면 그것을 정체성이라 해
도 틀린 말은 아닌 것 같다. 그런데 간혹 이런 낙과 존재 자체를
구분하지 못하는 일이 벌어진다. 이를테면 아끼는 차가 있는데
접촉 사고가 나면 자기 몸이 부서지는 고통을 느끼고 팔아야 할
상황이면 자신이 사라진다고 한다.

에리히 프롬은 어떤 것을 소유함이 정체성을 대신할 수 있는지
에 관해 소유냐 존재냐를 묻기도 했다. 당연히 소유가 아니라 존
재 자체를 택한다고 말할 우리지만, 육아를 위해 아빠의 낙을 버
릴 수 있냐고 묻는다면 망설일지도 모른다.

혼자만의 시간이 내겐 그런 낙이었다. 육아를 시작하고 개인 시

간이 사라지자 자아가 사라질 것 같은 위기가 찾아온 것이다. 하지만 육아는 개인의 낙보다 중요하고 혼자만의 시간보다야 당연히 소중하다.

아빠의 정체성을 달리 말한다면 개인의 낙보다 육아를 선택한 것이며 아빠의 낙과 육아를 맞바꾼 것으로 설명할 수 있다.

그런데 이런 결심에 보상이라도 하듯 육아는 다시 인생의 낙을 아빠에게 선물한다.

## 그 야까운 걸 버려야 육아가 보인다.

사랑할 때 버려야 할 것들이란 제목의 영화가 있다. 그런데 이 영화 제목엔 두 가지 버전이 존재한다. 앞서 본 것과 사랑할 때 버려야 할 아까운 것들이란 제목이다.

나의 사랑할 때 버려야 할 것들을 나열해 봤다. 혼자만의 시간, 여행, 악기 만지기, 반려 식물 키우기 등 새삼 이렇게나 많았나 싶을 정도로 리스트가 길어졌다.

그런데 한참 보고 있자니 이것들이 그저 아까운 것들이구나! 싶었다. 이런 게 사랑의 본질이거나 사랑보다 중요하진 않구나! 싶던 것이다. 만약, 나의 낙을 버리기 아까웠다면 아내를 만날 이유도 없었을 것이다. 육아는 더더욱 그렇다.

육아할 때 버려야 할 아빠의 낙은 아내와 아이를 사랑할 때처럼 그저 아까운 것 그 이상도 이하도 아니다. 그 아까운 것을 과감히 버리면 육아의 상황을 끌고 갈 수 있게 된다.

## 무미무를 버리면 책성의를 만난다.

육아하려면 미련 없이 버려야 할 게 있다. 무책임과 미성숙과 무의미다. 앞글자만 따서 무미무를 버리면 책임감과 성숙함과 의미를 만나게 된다.

육아에서 책임감이란 아이에게 반응하는 능력이다. 영어 responsibility는 response + ability로 만들어진 단어다. 바로 아이의 요구에 기꺼이 반응하는 모습이 책임감 있는 아빠의 모습인 것이다.

육아는 아빠에게 성숙함을 요구한다. 성숙이란, 마음에 안 들어도 견디는 힘이라 할 수 있다. 아빠는 육아를 견디며 성장하고 성숙해 간다. 그런데 성숙해서 견디는 게 아니라 버텨내고 견디는 시간과 과정을 통해서 성숙해진다. 바로 부모가 되어 가는 것이다.

오직 지극히 정성을 다하는 사람만이 세상을 변화시킬 수 있다고 한다. 한 사람의 세계에 영향을 주고 미래로 나가게 하려면 정성을 다해야 한다. 아빠는 아이라는 세계를 만나는 중이다. 아빠에게 이 만남이란 바로 육아를 의미하는 것이다.

## 육아 전투력을 우습게 봐서는 안 된다.

아빠는 육아하려는 태도와 의지를 장착하고 전진하는 군인과 같다. 어렵고 고통스럽지만, 분명한 목적을 가진 군인만큼 강한 사람도 없다. 힘든 상황과 환경을 뚫고 전진하기 때문이다.

아빠가 책임감과 성숙함과 간절함을 가지면 사실 무서울 게 없다. 아빠를 둘러싼 환경과 상관없이 육아할 수 있기 때문이다.

다람쥐가 임신하고 있을 땐 뱀에 물려도 죽지 않는다고 한다. 새끼를 위해서라면 그 정도 독쯤이야 이겨내는 것이 부모의 전투력이다.

나는 약하지만, 부모는 강하다는 말은 듣기 좋으니 하는 말이 아니다. 남자에서 아빠로 살아야 한다는 뜻이며 남자로는 도저히 감당 안 되는 육아니깐 부모가 돼야 한다는 의미다.

현명한 사람은 문제의 해결 과정에서 의미를 발견하기 때문에 오히려 삶의 문제를 환영한다고 한다고 한다. 만약, 육아가 인생 최대 위기라면 쌍수 들고 환영해야 할 이유가 여기에 있다. 육아하는 사람은 현명한 사람이며 지혜로운 사람이다. 그래서 육아를 선택한 것이다.

**육아는 doing보다 being을 잘해야 한다.** ──────
── **육아는 내 기분과 상관없이 아이 옆에 있는 것이다.**

**불안한 사람이 바쁘다.**

육아란, 아이와 함께 있는 것이다. 당연해 보이는 이 말을 곡해 들었던 것도 사실이다. 육아에서 할 일이 얼마나 많은데 옆에만 있으란 거지? 육아해 본 사람 맞냐며 괜히 화가 났었다.

자고로 육아란, 육체노동과 정신노동의 오묘한 조화로만 굴러가는 게 아니었던가? 아이 옆에만 있는 모습이 항상 분주한 내겐 상상이 안 가는 상황이었다.

그런데 정작 현실 육아를 전혀 모르는 사람은 나였다. 이 말은 핵심을 놓치고 있던 아빠가 정신 차리고 한 말이다. 아이 옆에 있지 못하고 바쁘기만 했던 나 자신에게 던진 자책이었다.

난 아이와 함께한다는 걸 두 손 놓고 있는 것으로 생각했다. 왜 그랬을까? 불안했기 때문이다. 불안을 해소하려고 계속 움직이고 그런 반복적인 행동이 습관이 됐다. 부지런함은 불안함을 피하기 위한 가장 일반적인 방법이란 걸 알아채지 못했다.

생각하면 신혼 때 눈코 뜰 새 없이 분주했던 이유도 불안했기 때문이었다. 엉덩이가 가벼운 남편은 집안일을 재빠르게 하고 아내의 필요에도 즉각 반응했다. 그런 남편이 좋은 남편이라 생각했기 때문이다. 하지만 좋은 남편이란 아내가 그렇다고 할 때만 좋은 남편이지 자기만족과는 다른 의미다.

육아가 시작되자 분주한 생활도 당연하게 느껴졌다. 아빠 기준엔 바빠 보이는 부모가 좋은 부모이었기 때문이다.

## 열심히만 하면 바보다. 방향이 있어야 한다.

열심히 하는 게 뭐가 나쁘냐는 생각은 의외의 곳에서 진실과 마주했다. 어린이집 선생님이 말하길 아이가 다 좋은데 손에 뭔가 묻으면 아주 싫어해요! 자극이 필요한 시기니까 필요 이상으로 손을 닦아 주신다면 조금 자제해도 좋을 것 같아요!

의도와 다르게 나의 민첩성과 과잉 행동은 아이의 참을성과 감각자극을 방해하는 결과로 이어졌다. 아이의 요구에 적절한 반응은 긍정적이지만, 요구하기도 전에 이것저것 해주는 게 좋을 리 없었다.

깨끗한 게 뭐 잘못됐나? 싶었는데 뜨끔한 순간이 아닐 수 없었다. 무엇보다 아이를 위한 열심보다 육아 부심을 채우고 있었다는 게 마음에 남았다.

돌이켜 보면 식사시간에 먹이기 바빴지 아이와 느긋하게 눈을 마주친 적이 없던 것 같다. 빨리 재워야 육퇴 하지! 란 생각에 건성건성 자장가를 불러주거나 친절하게 이야기도 들려주지 못했다.

아토피 때문에 빨리 씻겨야 한다는 생각만 했지 아이 구석구석 어디가 가렵고 거칠어졌는지 보질 못하는 바쁘기만 아빠였다.

그렇게 아이가 주는 작은 신호를 아빠는 자꾸 놓쳤다. 아이의 디테일을 알아가는 것이 육아라면 정반대를 향하고 있었다. 아빠는 속도감 있게 뭔가 착착 진행되는 게 좋아 방향보다 속도에 육아를 맞추고 있었다.

이런 상황이라면 아이를 위한 게 아니라 아빠를 위한 게 분명했다. 당연한 말이지만 육아는 아이를 위한 일이다.

한참을 달려온 육아를 진지하게 돌아봤을 때 안타깝게도 아이는 저 뒤에 홀로 있었다. 그런데 아빠도 혼자이긴 마찬가지였다. 다시 힘주어 말하지만, 육아는 아이와 동행하는 것이다.

## 아이는 자기 멋대로 자란다.

속도에 민감한 육아는 다른 아이의 성장 속도까지 살피는 오지 랖을 부렸다. 내 아이보다 먼저 뒤집고, 앉고, 걷고, 말문이 트였다는 소리에 조바심을 느낀 것이다.

육아는 아빠의 속도가 아니라 아이의 속도를 따른다. 기어 다니는 아이에게 걸으라 할 수 없고, 옹알이 수준에서 유창한 말을 기대하는 모습만큼 어리석은 부모는 없을 것이다. 아이는 자기 시간에 맞춰 성장할 권리가 있다.

아빠는 그저 반 발짝 앞설 뿐이다. 아이가 말하고 싶을 때까지 참는 기다림이 필요한 것이다. 나중에야 좀 더디게 열리지! 할지라도 말이다.

## 대체 아이들의 마음은 뭘까?

옛날이나 지금이나 부모는 바쁜 모양이다. 아이와 천천히 시간을 보내며 생각이나 감정을 읽어주지 못한다.

어른들은 아무것도 모른다는 내용의 옛날 동요가 있다. 신나는 멜로디지만, 가사가 짠했던 노래로 기억한다. 그런데 혹시라도 내 아이가 두 손 불끈 쥐고 이 노랠 부른다고 생각하니 아차 싶었다.

대체 아이들의 마음은 뭘까? 노래 대로라면 자기와 함께 있어 달라는 외침이었다. 안녕! 하는 로봇이나 티를 외치며 핑하고 나타나는 캐릭터 인형보다 아이는 부모와 함께 놀이터에 가길 원한다. 물론 그런 장난감으로 함께 놀아준다면 더 신나겠지만 말이다.

## 작은 일에 성공했어도 육아는 실패했을지 모른다.

아이와 함께하려면 우선, 옆에 있으면서 관계를 쌓아야 한다. 육아의 과정은 관계를 쌓는 일이다. 육아는 관계 위에서만 존재하고 운영된다. 아이와 만들어가는 관계가 육아의 핵심이며 아빠가 할 일이다.

육아의 최종 목표는 아이의 독립이지만, 독립 후 나와 아무런 관계없는 사이라면 이것만큼 끔찍한 일도 없을 것이다.

한 할아버지는 아이들이 커서도 아빠와 놀고 싶어 찾아오는 것.

어른이 된 아이가 아빠를 찾는 게 인생의 성공이라고 말했다.

끈끈한 애착 관계는 아이와 시간을 보내며 형성된다. 그래서 당장 해야 하는 바쁜 일보다 그냥 아이 옆에 존재하는 게 더 중요한 육아의 부분인지도 모른다.

바쁜 아빠는 육아의 작은 일에는 성공했어도 정작 육아에서는 실패하고 있는지도 모를 일이다. 아빠는 자기 육아를 돌아보고 혼자 가고 있다면 그 자리에 멈춰 서야 한다.

아이와 함께 있다는 의미는 아이에게 집중하고 있다는 의미다. 아빠의 집중이란 시간과 에너지를 육아에 전부 쏟는 것을 말한다. 이렇게 시간과 에너지를 육아에 투자하면 아이와의 관계가 좋아지고 애착이 형성된다.

아빠는 집중을 요구하는 아이의 요청에 답해야 한다. 그만 자고, 그만 마시고, 그만 공치러 다니고 자기 옆에 있어 달라는 호소에 응답해야 한다. 가장 좋은 응답은 아이와 함께 시간을 보내는 것이다.

부모가 아이에게 쏟는 시간의 질과 양이 아이에게는 자신이 얼마나 소중한 존재인지 가늠하는 척도가 된다. 너는 소중해 사랑받을 만한 존재야! 백날 말해도 아이는 모른다.

아빠의 사랑을 알려주고 싶다면 아이 옆에 있어야 한다. 마음에 안 들어도 효율적이지 못해도 생산성이 전혀 느껴지지 않는 시간이라도 아이와 함께 시간을 보내면 육아와 아이가 산다. 그리고 아빠가 살아난다.

　아빠가 업무로 바쁘면 업무와 관계가 만들어진다. 취미에 시간을 들이면 타수는 줄일망정 아이와의 거리를 좁힐 순 없다. 아이에겐 아빠가 세계고 우주다. 이 세계는 아이 옆에 있을 때 존재한다.

## 육아에도 존버가 필요한 이유 ─────────
───────── 흔들리지 않는 육아의 조건

**충분히 아파해야 충분히 괜찮아질 수 있다.**

존버가 주식에서만 쓰이는 말은 아니다. 육아에도 존버가 필요하다. 육아가 힘든 이유 중 하나는 아빠에게 자꾸 달라진 모습을 바라기 때문이다. 육아는 완전히 다른 생각과 모습을 항상 요구하고 있다. 하지만 아빠는 아직도 자기가 원하는 데로 살고 싶은 게 사실이다.

달라진 삶과 성숙함. 육아는 아빠에게 더 높은 수준의 뭔가를 주문한다. 만약, 이런 육아인 줄 알았다면 아내에게 아이 갖자고 말하기나 했을까? 섣큼 답을 못하겠다. 육아는 결코 가볍거나 우습게 볼일이 아닌 것이다.

그런데 휴직까지 하며 견디고 버티다 보니 생각이 바뀌고 행동이 달라졌다. 이를테면 힘든 상황에서도 긍정적 면을 보려는 태도가 그렇고, 성숙하게 말하고 행동하려는 모습이 그렇다.

지혜로운 사람이란 상황에 맞는 말과 행동을 하는 사람이라고 한다. 육아는 아빠를 지혜로운 사람으로 만들려는 게 분명하다.

육아는 아이만 자라게 하는 게 아니라 부모도 성장시킨다. 육아 전엔 이 말이 별로 와닿지 않는데 그 뜻을 온몸으로 체험하고 보니 정말 그렇기만 하다. 하지만 성장엔 공짜가 없다는 것도 뼈저리게 알아가고 있다.

성장엔 고통이 따른다. 요즘 아이는 성장통 때문에 무릎을 가리키며 울며 깬다. 난 그저 무릎에 손을 대고 주무르며 애만 태운다. 성장의 대가가 이렇게 가혹했던가? 싶을 정도로 아이는 아프다고 날리다.

몸도 이런 데 몇십 년을 같은 생각과 습관으로 살던 아빠가 달라지려면 무릎 통증 정도론 어림도 없을 게 분명하다.

나이 들어가며 마음이 넓어지고 생각의 지도가 넓어지는 것도 쉬워질 줄 알았다. 그런데 웬걸! 오히려 나이를 먹어서 그런지 변화가 싫고, 가끔은 무섭기까지 하다.

무엇보다 아빠의 성장통에서 가장 힘든 건 현실과 마주하는 일이다. 자신을 돌아보는 게 싫고 괴롭다. 돌아보는 일은 익숙해지는 게 아니라 매번 새로워서 내 속에 이런 게 있었냐며 당황하게 만들기 때문이다.

아이에겐 미안하지만, 육아의 어떤 부분은 정말 하기 싫은 걸 참고 버티며 하고 있다. 포기할 수 있음을 포기하지 말자던 내가 이렇게 참고 버티게는 낯설 만큼 버티는 것도 있다.

그런데 이런 모습 자체가 바로 성숙한 모습이라고 한다. 마음에 들진 않지만, 그래도 견디고 있는 모습이 성숙의 증거이기 때문이다. 육아를 참고 버티고 견디는 모습이 있다면 성숙의 길을 걷는 중이라 할 수 있다.

## 버티고 견디는 게 능력인 이유

아이와 어른이 다른 이유는 견디는 힘에 있다. 어린아이만큼도 참지 못하는 사람을 우린 어른이라 부르지 않는다. 반대로 주사라도 의젓하게 맞는 아이에겐 다 컸다고 말한다. 답답하게 보일지언정 어떤 의미와 가치 때문에 참고 견디는 모습이라면 어른이라 할 만하다.

육아는 성숙을 요구한다. 곧 견디고 버티는 능력을 요구하고 있는 것이다. 게다가 아빠가 육아의 고됨을 참고, 직장에서 견뎌야 하는 이유는 그래야 일상을 유지하고 지킬 수 있기 때문이다.

하지만 부모도 사람인지라 상황과 조건에 따라 그렇게 못할 때가 있다. 아마도 견디고 버티는 능력을 평생 갈고닦는 사람을 부모라 부르는 이유가 여기에 있는 것 같다.

견딤과 버팀은 능력인 동시에 육아를 대하는 태도다. 한 CEO는 비슷한 스팩의 수많은 직원을 만나며 태도가 능력인 걸 알았다고 한다. 부모의 태도가 육아 능력이라 할 수 있는 대목이다.

우리는 환경과 조건이 좋으면 육아가 수월하고 문제도 없을 것으로 생각한다. 그런데 어디 그런가? 비싼 육아템과 좋은 환경만으로 육아가 가능한가? 육아는 부모의 태도에 따라 망할 수도 흥할 수도 있는 일이다. 육아가 태도와 의지로 가능한 일이기 때문이다.

하지만 무작정 버티는 육아만을 좋다고 할 순 없다. 산은 산이요. 물은 물이라는 상태와는 조금 다른 견딤이 육아엔 필요하다. 육아에서의 버팀은 능동적으로 견디는 것을 의미한다. 아빠는 힘 있는 버팀과 생각 있는 견딤으로 육아해야 한다.

## 견디는 시간과 버티려는 내용

잘 견디고 버티기 위해선 견디는 시간과 버티려는 내용을 살펴볼 필요가 있다. 아빠가 견디고 버티는 것이 명확할수록 육아의 의미가 풍성해지기 때문이다.

우선, 육아에서 견뎌야 할 건 시간이라 할 수 있다. 지루하거나 촉박한 시간을 견뎌내는 생활 자체 육아이기 때문이다.

부모는 아이의 목을 가누게 할 수 없고 앉거나 기게 할 수 없다. 말하는 것도 그렇다. 그저 아이가 자기 속도에 맞춰 성장할 수 있도록 환경을 만들고 믿고 참고 기다려야 한다.

오직 시간만이 해결할 수 있는 영역을 인정하고 받아들여야 한다는 의미다. 이 정도면 서야 하는데 말해야 하는데 싶어도 진단받은 질병이나 의사의 진단이 없는 이상 자기 시간에 서고 말할 수 있다는 걸 아빠는 믿고 기다려 줘야 한다. 어떤 힘은 아는 것보다 믿는 데서 나올 때가 많다는 걸 체험해야 하는 것이다.

육아 속엔 버텨내야 할 내용도 있다. 아빠는 자기 시간이 사라지고 삶의 모든 걸 아이에게 맞추게 된다. 그만큼 버텨내야 할 내용도 많아지며 아마도 그 대부분은 마음에 들지 않은 것일 것이다.

하지만 마음에 들지 않아 힘든 것과 불가능은 완전히 다른 이야기다. 아빠는 육아를 못 하고, 싫어할 수 있지만, 할 수는 있다. 육아는 불가능한 것이 아니라 마음에 안 드는 걸 버티는 일이다. 이게 안 되면 육아가 불가능처럼 느껴진다.

해 본 사람이라면 견디고 버티는 게 얼마나 힘든지 알 것 같다. 오죽하면 산후우울증이나 육아 우울증 같은 말이 생겼는지 해 본 사람은 공감할 수 있다. 육아는 겉 보다 속이 단단해야 가능한 일이라 할 수 있다.

## 육아와 정면승부하기

아빠에겐 육아의 시간과 내용을 견디지는 못할 다양한 이유가 있다. 하지만 육아를 포기하지 말아야 할 이유도 그에 못지않다고 생각한다. 게다가 육아엔 사실 포기란 단어가 없다.

포기할 수 없다면 육아와 마주해야 한다. 그것도 두 눈 부릅뜨고 육아와 정면승부 해야 아이도 살고 아빠도 산다. 자기 육아를 책임져줄 사람이 나밖에 없다는 걸 인정하면 그때부터 육아가 달리 보이기 시작한다.

우리가 육아하는 이유는 다른 무엇도 아닌 아이를 사랑하기 때문이다. 아빠는 육아를 사랑으로 볼 수 있어야 한다. 사랑의 눈으로 보면 보이는 게 전부가 아니란 걸 알 수 있기 때문이다.

감정적인 문제와 내면의 문제를 풀려면 마음으로 접근해야 한다. 아마도 이 부분 때문에 육아가 어렵게 느껴지는 것 같다. 그냥 일이라면 이렇지 않을 것이다. 사랑으로 풀어야 풀리는 육아는 무조건 사랑으로 접근해야 그 문을 열어준다.

## 사랑하면 참고 기다릴 수 있다.

사랑하면 볼 수 있는 누구도 부정 못 할 모습이 있다. 바로 참는 것과 기다림이다. 아침에 바빠 죽겠는데 아이를 참고 기다려 주는 이유는 아이를 사랑하기 때문이다. 내가 하면 빠르지만, 아이에게 기회를 주는 이유도 스스로 배우고 터득하길 바라는 마음에서다. 사랑하면 기다려 주고 사랑하면 참아준다.

나태주 시인은 사랑이란 예쁘게 보아주는 것이며 좋게 생각해 주는 것이라 표현했다. 그런데 언제까지냐면 나중 아주 나중까지 그렇게 하는 것이 사랑이라 말했다.

부모는 참고 기다려 주는 걸 언제까지 해야 할까? 나중 아주 나중까지 그렇게 해야 한다. 아이를 위해 이렇게 할 수 있는 사람은 부모가 유일하다.

육아하면서 아빠가 아이에게 꼭 해 줘야 할 게 있다. 육아의 목적이라고 해도 좋을 이것은 아이가 자기 존재 자체로 인정받고 사랑받는 일이다. 그런 경험을 독립할 때까지 날마다 경험시켜주는 것이 육아의 목적이며 아빠가 할 일이라 생각한다.

아빠가 자기 시간 없다고 짜증 내면 사랑을 베풀 기회가 줄어든다. 관계 맺을 기회가 줄어드는 것이다. 육아는 모든 게 관계로 시작하고 끝맺는 일이다.

그래서 육아에 문제가 생기면 난 아내와의 관계를 먼저 돌아본다. 육아에서 가장 중요한 사람은 아이가 아니라 아내이기 때문이다. 육아와 관련된 모든 관계의 시작은 아빠와 아내와의 관계에서 출발했다는 사실을 기억해야 한다.

육아는 나 – 아내 – 아이라는 삼박자로 이뤄지고 서로의 긴밀한 상호작용이 이뤄지는 생활이다. 육아에선 이들과의 관계만큼 중요한 게 없다.

관계에 문제가 생기면 까칠함과 무미건조한 행동만이 남는다. 이건 모두가 원하는 모습이 아니다. 그래서 아빠는 항상 관계를 먼저 살펴야 한다. 무책임과 미성숙과 무의미를 경계하고 이겨내려면 언제나 관계 회복이 우선되어야 한다.

견디고 버티면 육아에 미래가 있다. 아빠는 성숙해지고 육아는 풍성해지기 때문이다. 육아는 그렇게 존버할 만한 충분한 가치가 있다. 아빠는 육아에 가치투자 해야 한다.

# 후회 없는 회장님의 육아 생활 ━━━━━━━━
## ━━━━━━━━ 육아 독립만이 살길이다

**좋은 남편은 아내가 판단할 문제다.**

선생님은 육아하는 거 잘 도와줄 거 같아! 좋은 남편이야! 저
요? 저 안 도와주고 그냥 제 육아를 열심히 해요! 아내를 돕는 착
한 남편이란 말에 굳이 내 육아를 한다고 조금 까칠하게 답했다.
그저 덮어놓고 도와준다는 말도 싫었지만, 늘 조력자쯤으로 여겨
지는 흔한 남편은 더 싫었기 때문이다.

그런데 아내를 돕는 남편은 정말 좋은 남편일까? 누군가 저 사
람 진짜 좋은 남편이야! 하면 좋은 남편이 되는 걸까? 좋은 남편
은 사실 아내가 판단할 문제다.

다른 사람의 말은 판단의 근거가 될 수 없다. 내가 좋은 남편인가는 오직 아내만 알고 있다. 좋은 남편, 좋은 아내는 오직 둘만 아는 진실이기 때문이다.

선생님들과의 대화가 육아로 이어지면 좀 더 구체적인 질문으로 이어진다. 선생님은 퇴근 후 육아 많이 도와줘요? 선생님도 화캉스(남편이 길게 화장실에서 바캉스를 즐긴다는 뜻)가요? 재울 때 같이 재워요?

그런데 질문을 듣다 보면 대체 누가 남편을 육아 조력자로 만들었는지 남편은 돕는 사람 이상도 이하도 아닌 사람일 뿐일 때가 많다.

분명 주변엔 육아휴직 중이거나 육아를 도맡아 하는 남편도 있을 텐데 한 번도 아내가 많이 도와줘요? 이런 질문을 들어보지 못했다.

성 고정관념 때문일까? 아니면 정말 돕기에 최적화된 남편이기 때문일까? 하지만 그 이유가 뭐든 남편은 할 말이 없을지도 모른다. 다 남편이 만든 현실이기 때문이다.

육아를 돕기만 하는 남편은 애매한 포지션에 놓일 때가 많다. 그래서 남편의 육아는 가끔, 잠시, 임시, 곧 다른 걸 할 사람으로 비친다.

남편도 마음만은 그렇지 않을 것이다. 하지만 육아는 그런 생각이나 말로 하는 게 아니라 몸으로 하는 것이기에 아빠는 움직여야 한다.

아내와 아이를 사랑한다면 생각보다 몸을 써야 한다. 가벼운 엉덩이가 되는 것. 그것이 지금 아이와 아내에게 필요한 사랑의 모습이기 때문이다.

당신은 오직 메인만 해! 난 서브만 할게! 합의한 적도 없지만, 우리는 그럴듯한 이유와 핑계로 주로 하는 사람과 돕는 사람이 되어 육아 중이다.

왜 이런 걸까? 조금 억울해도 이 책임도 남편에게 있다. 하지만 언제나 그렇듯 원인 제공자에겐 답도 있는 법이다. 모든 육아 문제의 실마리는 남편에게 있다. 그래서 이 문제의 답을 남편의 육아 독립에서 찾아야 한다.

## 남편의 육아 독립은 선택의 문제가 아니다.

앞으로는 질문이 달라졌으면 좋겠다. 이를테면 남편이 육아 많이 도와줘요? 가 아니라 선생님 남편은 육아 독립했어요? 로 말이다.

아빠는 하루빨리 육아 독립자가 돼야 한다. 남편만이 육아에 반전을 줄 수 있는 사람이며 육아의 방향과 비전을 제시할 수 있는 사람이기 때문이다.

육아 독립자는 육아 스킬과 정신적 독립을 함께 이룬 상태라 할수 있다. 육아 대부분을 혼자 할 수 있고 아빠의 정체성을 가진 남자라면 육아 독립자라 할 수 있다. 달리 말하면 육아할 때 자신과아이가 엄마를 찾지 않는 사람이 육아 독립자다.

아내와 함께할 수 있는데 왜 굳이 이래야 할까? 이 질문에 반문한다면 왜 아내는 이제까지 혼자 육아했을까? 에 먼저 답해야 한다.

하지만 아빠가 홀로 해내야 하는 이유는 다른 것에 있다. 바로그렇게 육아했을 때 후회 없이 육아했다고 말할 수 있기 때문이다.

한 배우는 아이가 태어나고 육아의 모든 걸 혼자 감당했다고 한다. 아이가 너무 귀하고 사랑스러워서 그렇게 하고 싶었다고 한다. 예전 같으면 무슨 소리지? 했을 텐데 지금은 그 배우가 육아독립자로 보인다.

## 육아 독립자는 정체성이 확실하다.

육아 독립을 처음엔 육아의 전반적인 과정을 막힘 없이 소화할수 있는 상태로 생각했다. 이를테면 우유와 이유식을 단숨에 먹일 수 있음. 10분 안에 통 잠을 재울 수 있는 사람쯤으로 생각한 것이다.

하지만 육아 독립자에겐 스킬 보다 정체성이 중요했다. 아빠의 내면이 정리되지 않으면 언제든 육아의 배신자가 될 수 있기 때문이다.

남자는 아빠의 정체성을 가져야 한다. 육아를 못 할 순 있지만, 아빠가 아닐 수는 없다. 위선의 육아에 머물지 말고 뼛속까지 아빠가 돼야 하는 것이다. 이런 정체성을 가진 사람을 육아 독립자라 할 수 있다.

육아 독립자는 고민이 많다. 육아로 인한 생각과 걱정에 잠이 안 올 때도 있다. 하지만 이런 모습은 독립의 과정에서 일어나는 자연스러운 현상으로 이해하면 된다.

어떤 일에 마음 아프고 눈물 났다면 진심이었기 때문이란 말이 육아에도 적용된다. 육아와 아이 때문에 아프고 눈물 나는 건 아빠가 진심으로 육아를 대했기 때문이다. 마음을 쏟았기에 감정이 반응한 것이다. 육아 독립에 관심 없는 사람은 사실 이런 마음도 생기지도 않는다.

육아에 대한 고민과 정체성의 혼란은 육아 독립 중인 사람에게 나타나는 현상이다. 이 과정을 통해 아빠는 돕는 자에서 주 양육자로 이동하게 되는 것이다.

자신이 육아 독립자인지 알아보는 시금석이 있다. 바로 삶의 우선순위를 보는 것이다. 아빠는 사랑과 관계를 삶의 최우선에 둔 사람이라 할 수 있다.

자기 삶 앞에 그 무엇보다 사랑과 관계가 있다면 육아 독립자인 것이다. 다른 무엇보다 육아와 아이를 선택할 수 있는 사람이 아빠다.

## 스스로 육아를 선택해야 하는 이유

육아에서 남편의 자발적인 선택이 중요한 이유는 그래야 자기 선택에 책임질 수 있기 때문이다. 경영학자 피터 드러커는 고등학교 졸업 후 대학 대신 직장을 선택했다.

자기 의지대로 선택해도 좋을 만큼 충분히 어른이 되었다는 생각에서 그런 결심을 했다고 한다. 십 대 때 그는 이런 선택을 한 것이다. 40대에 육아 독립자가 될 건지 말 건지 고심하는 날 반성하게 만든 드러커다.

아빠는 자기 생각과 의지로 선택할 때만 스스로 육아를 책임질 수 있다. 영화 82년생 김지영을 보는 내내 저기서 자기 의지대로 선택하며 사는 사람은 누굴까? 싶었다.

아이를 가질 때도 남편의 결단이 필요할 때도 주인공의 의지와 선택이 보이지 않았다. 감독의 의도가 있었겠지만, 다른 무엇 때문에 선택한 아이와 육아는 불행해 보였다.

친척 중 노산을 하게 됐다며 전화가 왔다. 그런데 이미 아이도 있고 해서 낳아야 할지 말아야 할지 고민이라고 했다. 그런데 주변에서 낳으라고 하고 특히, 시어머니가 키워 주겠다는 말에 못 이겨 출산을 결정했다고 한다.

인생의 가장 중요한 일을 누구의 성화에 못 이겨서 하게 되면 독립했다고 할 수 없다. 무엇보다 아이의 생명은 누군가의 의견과 제안에 달려있을 수 없다. 부모는 자기 의지와 선택으로 출산하고 육아해야 행복하다.

육아의 기준이 상황과 주변 사람이면 육아는 방향을 잃어버린다. 엄마와 아빠는 육아의 주체이지 주변인이 돼서는 안 된다.

임신은 온전히 부부의 선택으로 이뤄져야 하고 그 책임은 부모가 가진다. 아이는 부담스러운 책임감이지만, 선택하고 책임질 수 있는 사람은 행복한 사람이다. 이 책임을 저버리면 행복할 수 없다. 부모는 책임질 때 행복할 수 있는 사람이기 때문이다.


## 최선을 다했기에 아쉬움이 없는 육아


한 중견 기업 회장이 자기는 아이에게 최선을 다했기에 아쉬울

게 없고 아빠로서 할 수 있는 모든 경험은 다 한 것 같다고 말했다.

그 말을 듣곤 뭐, 재벌이니까. 육아가 좀 쉽지 않았겠어? 싶었다. 하지만 회장은 퇴근 후 아이 목욕시키고, 먹이고, 업어 재우는 게 일상이었다고 한다. 그도 나와 같이 고민하고 실패하며 애착 관계를 위해 노력한 아빠일 뿐이었다.

둘째가 태어나면서 나의 육아 독립은 더 유용하고 빛나고 있다. 육아 경험자면서 육아 독립자에겐 약간의 여유도 생겼다. 여전히 어렵지만, 근거 있는 자신감도 생겼다. 첫째의 경험이 큰 자산이 돼 주고 있다.

상황 때문이 아니라 좀 더 빨리 육아 독립할 수 있었다면 어땠을까? 싶을 때도 있지만, 지나온 날보다 육아할 날이 더 많아서 다행이라 생각했다.

아빠는 아내를 도우면 안 된다. 그저 자기 육아를 하면 된다. 하늘은 스스로 돕는 자를 돕는다는 말은 육아 독립자를 위한 말이다.

남편 스스로 자기를 도와 육아 독립자로 거듭나면 그때부터 진짜 육아가 시작된다. 남편의 육아 독립은 자신과 아내와 아이를 위한 현명한 선택이며 아빠라면 반드시 육아 독립자가 되어야 한다.

# 아이와 사막을 건너는 방법 ─────────
───────── 이놈의 사막 같은 육아

**아프다면 슬퍼 말고 의미를 찾아야 한다.**

육아휴직을 시작하고 크고 작은 변화가 있는데 우선 요일 감각
이 사라졌다. 누가 무슨 요일인지 물으면 바로 답을 못한다. 또 씻
는 게 귀찮아졌다. 퇴근한 아내가 좀 씻지! 하면 그때야 고양이 세
수다. 하지만 안 씻어도 될 이유를 찾은 게 살짝 좋기도 하다.

요일 감각과 개인위생을 잃었지만 얻은 것도 있다. 요즘엔 아내
가 좀 달라 보인다. 일할 땐 그렇게 불금만 기다렸는데 지금은 아
내의 쉬는 날만 손꼽아 기다린다. 지원군 같은 아내에게 전우애
가 생겼다.

변화는 몸에도 나타났다. 그런데 변화라기보단 통증과 습진 같은 증상이다. 애는 젊을 때, 체력 좋을 때 키우란 말에 그럴 때가 놀기는 가장 좋을 때죠! 했는데 반성 중이다. 육아는 육체노동과 정신노동의 오묘한 조화로 몸에 화학적 변화라도 일으키는 것 같다.

손목이 조금 아프긴 했어도 엄지 척이 안될 정도는 아니었다. 핑켈스타인이란 검사가 생각나 엄지를 감싸고 손목을 위아래로 살짝 꺾었는데 순간 너무 아파서 비명 섞인 욕이 튀어나왔다. 아마도 손목건초염이 확실한 것 같았다.

아이 우는 소리가 듣기 싫어 일단 안고, 카시트에 태우고 내리는 반복적인 행동이 손목 잔혹사에 한몫했을 게 분명했다.

손목은 손목대로 아픈데 손가락에선 습진이 보이기 시작했다. 하긴 맨손 설거지를 그렇게 했으니 습진이 안 생기고 배길 리가 없었다.

주부습진은 물과 세제에 장기간 접촉하면 생기는 일종의 직업병이라 들었는데 육아로 이직한 걸 굳이 이렇게 체감하나 싶다.

이런 통증의 치료이자 예방은 원인에서 멀어지는 것이다. 손목 사용을 줄이고, 맨손 설거지를 멈추면 된다. 하지만 귀찮고 바쁜 상황에다가 뽀드득 소릴 듣지 않으면 안 되는 성격이라 맨손 설거지는 포기가 잘 안 된다. 또, 손목 사용금지는 육아를 멈추기 전까진 예방은커녕 더 나빠지지 않는 걸 다행으로 여겨야 할 상황이다.

그런데 왜 하필 지금에야 이런 증상이 나타났을까? 그것도 아내와 육아를 시작한 지 일 년도 넘은 시점에서 말이다. 생각보다 이유는 간단했다. 나보다 아내가 육아를 더 했기 때문이다. 이 사실을 깨닫고 이젠 마음도 아프다.

아파보니 육아 때문에 불편하고 속상한 건 그저 시작에 불과했구나 싶다. 아프니까 청춘처럼 아프니까 부모라고 생각했는데 아프니까 짜증부터 올라온다.

사실 어딘가 아프면 환자지 그게 청춘이거나 부모일 순 없다. 육아의 이상과 현실 사이에 끼인 상황이 서글프지만, 현실 육아를 실감하고 있다. 하지만 모든 아픈 것엔 의미가 있다고 생각한다.

아무 의미 없는 시간을 견뎌야 하는 육아라면 그건 형벌에 가깝다. 실제로 지옥에선 아무 의미 없는 일을 시킨다고 한다. 이를테면 한쪽 항아리가 물로 다 차면 다시 빈 쪽으로 퍼 나르는 일을 영원히 해야 한다. 힘도 들겠지만, 생각만 해도 정신이 나갈 것 같은 최고의 형벌이 아닐까 싶다.

육아하며 겪는 고통과 고된 시간은 무의미하거나 무가치한 것이 아니다. 육아엔 말로 표현할 수 없는 의미와 가치가 있다.

사람은 의미 없는 일에선 기쁨을 찾기 어렵다고 한다. 당연히 의미 없는 일엔 목숨도 걸지 않는다. 하지만 의미 있는 일이라면 이해 못 할 희생도 마다하지 않는다.

부모가 육아하는 이유, 남들이 이해 못 할 희생도 마다하지 않는 이유는 죽어도 좋을 만한 의미가 있기 때문이다. 설령 지금은 그렇게 느껴지지 않더라도 말이다.

## 몸으로 하는 육아만이 의미 있는 육아다.

육아를 시작하며 관련 유튜브와 책을 참 많이도 봤다. 사실 처음엔 육아 꿀팁과 실제로 도움 될만한 정보가 목적이었다. 그런데 책이나 영상이 말하고자 하는 핵심은 그런 것이 아니었다. 오히려 말뿐인 육아에 대한 의미나 가치에 관한 내용이 전부 같았다.

아마도 그랬기 때문에 내 육아에 실질적인 도움이 되지 못했을 것으로 생각한다. 육아의 과정 없이는 이해 못 할 성장과 성숙에 관한 것이기 때문이다.

그래서 아빠에게 육아가 개인적인 사건이 되려면 직접 몸으로 육아해야 한다. 그것이 자기에게 주어진 육아의 의미를 온몸으로 확인할 수 있는 방법이기 때문이다.

## 아이와 사막을 건너는 방법

육아휴직을 시작하고 아내가 출근하면 아이와 낯선 사막 한가운데 던져진 것 같은 기분이었다. 오늘은 또 어떻게 보내야 할지. 밥은 잘해 먹일 수 있을지. 걱정스러운 육아의 하루가 버겁게 느껴졌다.

걱정은 만만하게 볼 일이 아니었다. 걱정이 어느 순간엔 두려움으로 변하기 때문이다. 두려움은 사람 마음을 가난하게 만들기 충분했다. 어떻게든 이 사막을 건널 방법을 찾아야 했다.

눈을 돌려 꽂아둔 책들을 보다가 사막을 건너는 방법을 설명한 책이 눈에 들왔다. 그런데 펼쳐본 사막을 지나는 방법은 의외로 간단했다.

이를테면 지도를 따라가지 말고 나침반을 따를 것. 오아시스를 만날 때마다 쉬어갈 것. 모래에 갇히면 타이에서 바람을 뺄 것. 혼자서 또 함께 여행할 것. 캠프파이어에서 한 걸음 멀어질 것. 허상의 국경에서 멈추지 않는 것이 사막을 건너는 방법이었다. 이 뜻 모를 뜬구름 잡는 말이 확 와닿진 않았지만, 뭔가 찾은 듯했다.

육아는 확실한 목표가 있는 산을 오른다기보다 사막을 건너는 것과 비슷했다. 빠르게 먹이고, 씻기고, 재우기보다 천천히 아이의 디테일을 알아가는 과정이 육아라 할 수 있기에 육아는 속도보다 방향이 중요한 일이 분명했다.

육아엔 정해진 규칙도 없었다. 꼭 그렇게 해야 한다는 건 자신이 만든 고정관념이나 규칙일 뿐 육아에 항상 적용되는 것도 아니었다. 육아는 해나가면서 의미와 이유를 묻고 답하는 성격의 일이었다.

내게 이 사막 같은 육아가 두렵게 다가온 가장 큰 이유는 혼자라는 생각 때문인 걸 알았다. 아내가 없는 난 혼자라고 생각했다. 하지만 아빠는 혼자가 아니었다. 알아차리지 못했을 뿐 아이가 늘 함께하고 있었기 때문이다.

난 아이를 동행자가 아닌 그저 책임지고 가야 할 짐처럼 여겼다. 하지만 아빠가 힘들면 웃어주고, 울면 손잡아준 사람은 아이였다.

그래서 만약, 아이와 남겨진 집이 사막 같다면 당장 아이 손을 잡고 눈을 맞춰야 한다. 아이 눈이 북극성이 되어 길잡이가 되어주기 때문이다.

자기 육아를 대신에 해줄 사람은 없다는 걸 빨리 인정하면 육아는 개인적인 사건으로 다가온다. 무식하게 아파보니 육아의 의미가 선명해지고 지금 뭘 하고 있는지가 명확해졌다. 모든 아픈 것엔 의미가 있다.

육아는 아이와 함께 사막을 건너는 과정이다. 우린 방향을 잃지 않기 위해 서로를 의지하며 낮엔 그늘을 찾고 밤엔 불을 피워 몸을 보호해야 한다.

힘들지만 웃을 수 있고 슬프지만 기쁨을 느끼는 이 여정이 아빠 인생에서 가장 중요한 기간이란 걸 기억하고 기억해야 한다.

## 당신의 육아가 사막이면 좋겠다.

당신의 육아가 사막이면 좋겠다. 그래서 아이만 보였으면 좋겠다. 환경과 상황 말고 아이가 보이면 육아의 의미가 명확해진다.

미안하지만, 당신이 육아 때문에 많이 아팠으면 좋겠다. 그래서 육아를 통해 성장하고 성숙했으면 좋겠다. 아픈 만큼 성숙한다는 말이 죽도록 싫지만, 성장하려면 대가를 지불해야 한다. 세상엔 공짜가 없다.

당신의 육아가 고독했으면 좋겠다. 그래서 자기 방법과 이해가 있고 설명 가능한 육아라면 좋겠다. 외로움은 수준에 상관없이 대화 나눌 사람이 없는 상태지만 고독은 같은 인식 수준에서 대화할 사람이 없는 상태다. 고독을 느낄 수 있는 육아의 수준에 도달하면 고독을 즐길 수 있다. 그래서 함께 이야기 나눌 수 있었으면 좋겠다. 육아는 고독해야 한다.

# 아빠 육아 섬네일 ————————————————
———————————————— - feat. MBTI

## 육아는 습득하는 것이다.

육아하는데 왕도는 없다. 아이를 먹이고, 씻기고, 입히고, 재우는 일은 반복적인 행동으로만 얻을 수 있는 스킬이고 습관이다. 그래서 육아 장인으로 거듭날 수 있는 유일한 길은 많이 해 보는 것뿐이다.

하다 보면 육아의 길이 보이고 요령이 생기며 그렇게 노하우가 쌓여간다. 육아는 공부하고 생각해서 알아가는 것이 아니라 몸과 마음으로 습득하는 것이다.

오늘 육아가 생각처럼 안 되고 해야 할 몇 개를 못 했더라도 아, 망했다! 할 필요도 없다. 그 몇 가지 실패로 나의 육아가 평가될 수 없을뿐더러 오히려 실패는 육아에서 꼭 필요한 부분이기 때문이다. 실패해야 달라지고 똑같은 실수를 반복하지 않는다.

자야 할 시간이 훨씬 지났는데도 그저 울기만 하는 아이 때문에 분노의 이불킥을 날렸다. 죄책감이 들어도 어쩌겠는가? 이때는 잠에 좋다는 음악과 떡실신 베개도 무용지물이기 때문에 잠들 때까지 어르고 달래는 수밖에 없다. 그렇게 수면 패턴을 찾다 보면 비로소 재우는데 감이 온다.

아이가 욕조에서 미끄러지는 바람에 입술이 깨졌다. 아내의 등짝 스매싱 날라오겠지만, 이걸로 육아가 망한 건 아니다. 미끄럼 방지 패드를 깔고 다시 피 보는 일이 없게 하면 그뿐이다.

육아를 막 시작한 그때는 이런 생각을 하지 못했다. 하지만 지금은 실패가 일상인 육아를 받아들이고 인정하는 게 조금 쉬워졌다. 나의 불안하고 부족한 부분이 아빠 육아 전체를 의미하진 않기 때문이다.

육아에서 느껴지는 생소함은 사람이 성숙하고 성장할 때 느낄 수 있는 것과 비슷하다. 따지고 보면 고작 몇 해를 넘긴 육아의 삶이다.

초보 육아자의 서툶과 어색함이 실수로 이어지고 실패로 보이는 건 어쩌면 당연할 일이다. 하지만 초보는 이 사실을 받아들이는 게 쉽지 않다.

## 내향형의 육아가 힘든 이유

MBTI 성격 유형에 따르면 나는 I 성향이다. 혼자 있을 때 에너지가 충전되고 문제가 있으면 내 안으로 가져온다. 그렇게 문제를 쪼개고 다져 곱씹어 생각하고 이해하는 방식을 선호한다. 하지만 현실 육아의 진행 속도는 너무 빠르거나 때로 너무 느려서 나의 이런 방식을 허락하지 않는 경우가 많다.

잘하든 못하든 육아의 시간은 앞으로만 간다. 가혹하게도 육아엔 정해진 시간에 꼭 해야 할 일이 있다. 이를테면 아이 밥해서 먹이는 일과 깨우고 씻기고 입히는 일 그리고 다시 모든 일이 되풀이 하는 육아의 삶이다.

육아의 일상은 나의 준비와 이해 정도에 상관없이 진행된다. 아마도 이 부분이 제일 싫고 짜증 나고 자괴감을 느끼게 하는 것 같다. 이유를 모르고 삽질하는 군인 시절이 오버랩 되는 건 덤이다.

오늘의 육아를 내일로 또는 몇 시간 뒤로 미룰 수 없다는 것이 큰 어려움으로 다가왔다. 이런 상황에선 애착이나 사랑을 생각하기보다 그냥 육아하기 바쁘다. 하지만 육아는 성향이 아니라 육아하겠다는 태도로 하는 것이다.

## 육아에 적합하다는 엄마의 성격 유형

I 성향은 육아가 더 어렵고 힘든 걸까? 자책 섞인 질문 중에 육아에 가장 적합하다는 엄마의 성격 유형 중 하나가 혼자 몽상하기 좋아하는 내향적 성격이라는 말을 들었다.

무슨 소리인가 했더니, 삶의 문제를 푸는 방식에 그 답이 있었다. 육아를 해석하고 이해하는 방법. 자신의 힘든 상황을 해석하는 힘이 있다면 현재의 고통도 과정으로 여길 수 있다는 것이다.

아마도 이런 사람은 과정의 끝을 볼 줄 아는 사람일 것이다. 육아 끝에 더 좋은 아빠와 잘 자란 아이가 있고 아내와 함께 더 행복한 자신을 보는 사람인 것이다. 삶을 해석할 수 있는 사람은 상황이 불리해도 흔들리거나 요동치지 않기 때문이다.

## 우울해도 육아만 잘한다.

비슷한 실패와 좌절을 겪다 보면 우울해지는 건 당연하다. 학습된 우울이나 좌절의 경험이 사람을 우울하게 만들기 때문이다.

온종일 아이와 있다 보면 우울함이 뭐예요? 하던 사람도 곧 그 뜻을 알게 된다. 이런 마음 상태가 해결되지 못하고 일상에 묻혀 버리면 사라지지 않고 마음 어딘가에 쌓이게 된다.

그런데 퇴근한 아빠는 엄마의 이런 심리상태를 알 수 없다. 단지 힘들었지? 한마디에 눈물 터진 아내를 보며 그저 힘들었구나. 짐작해볼 뿐이다.

가끔 유모차를 밀고 카페로 들어서는 엄마가 보이면 멀리서 남아 그 마음 제가 알죠! 응원하게 된다. 아니, 복잡한데 애까지 데리고 왔어! 가 아니라 우린 그런 육아맘을 진심으로 응원해야 한다. 아무것도 모르면서 인간미가 삭제된 것 같은 냉혈인이 돼서는 안 된다.

엄마도 바리바리 싸 들고나오기 싫었지만, 나와야 자기도 살 수 있으니깐 밖으로 나온 것이다. 당신과 같은 이유로 봄날의 햇살을 느껴보러 나온 것뿐이다.


## 육아 우울감을 극복하는 방법


우울증을 심하게 앓던 할아버지가 있었다. 그런데 이 할아버지가 우울증 치료법을 개발해서 자기처럼 우울증이 있는 사람을 도왔다. 이 사람이 바로 인지행동 치료법을 만든 아론 벡 할아버지다.

할아버지는 우리가 우울함이 아닌 다른 것을 선택할 수 있다고 했다. 할아버지의 말에 따르면 육아하다 피폐해진 자신을 발견했더라도 우리는 좋고 긍정적인 것을 선택할 수 있다.

맛집을 가고 영화를 보고 방을 청소하고 책을 볼 수 있다. 물론 시간이 있어야 가능한 일이지만, 육아도 아빠가 선택했다는 걸 잊어선 안 된다.

죽음의 수용소에서 생존한 빅터 프랭클은 우리를 자극하는 상황과 환경 그리고 그 반응 사이엔 선택이 있다고 했다. 아빠에게 그 누구도 빼앗을 수 없는 선택의 자유가 있는 것이다.

육아에서 겪는 감정은 그냥 그것대로 인정하면 된다. 부모 누구라도 겪을 그런 일이라 생각하면 그뿐이다. 부정적인 감정이 자신을 완전히 덮지 않도록 좋은 쪽을 선택하면 우울감에서 점점 벗어나게 된다.

육아에서 부모의 성격 유형이 자주 회자 되는 이유는 아이가 받을 영향 때문이라 생각한다. 하지만 부모의 성격이 아이의 행복이나 안정감을 결정할 순 없다. 아이의 행복은 부모의 성격이 아니라 부모의 사랑으로 결정되기 때문이다.

**자기 성격 유형으로 하는 육아가 가장 좋은 육아다.**

육아하기 적절한 성격 유형이란 결국 없다고 생각한다. 각자의 성격 유형만으로도 충분히 육아할 수 있고 오히려 강점이 될 수 있기 때문이다.

성격 유형에 관한 오해 중 하나는 내향적이면 차분하고 어둡고 말도 없으며 왠지 집에만 있을 것 같다는 편견이다.

내향형과 외향형은 에너지의 흐름을 말하는 것이지 저 사람은 밝으니까 E 성향이고 저 사람은 좀 어두우니까 I 성향이라 단정 지을 수 없다. 어떤 사람은 심하게 내향적이지만, 저세상 텐션의 소유자며 그 반대인 사람도 있기 때문이다.

육아에서 중요한 것은 성향이 아니라 엄마 아빠라는 정체성이다. 성격이나 기질에 상관없이 육아하고 있다는 사실이 아이에겐 중요하다.

육아의 삶도 그렇지만 삶이 쉬웠던 적은 한 번도 없다. 김용택 시인의 말처럼 누구나 눈물 한 말 한숨 한 짐씩 짊어지고 사는 게 우리네 인생이다. 그런 치열한 삶에 육아까지 하는 당신이라면 충분히 잘하고 있는 것이다.

## MBTI를 만난 육아

성격 유형에 관심이 높아지면서 특히, MBTI 같은 검사를 많이 하는 것 같다. 이런 유형 검사가 주는 의미가 있다면 자기 객관화에 도움을 준다는 것이다. 자기 강점과 에너지의 흐름을 알고 스트레스를 관리할 수 있다면 육아에도 도움이 될 수 있다고 생각한다.

MBTI를 육아에 적용한다면 우선, I 성향은 혼자 있는 시간에 스트레스를 관리하기 때문에 육아 중에라도 그런 시간을 가지려 노력해야 한다. 하지만 이 노력이 육아와 떨어져 있어야 한다는 걸 의미하진 않는다.

I 성향은 책을 가까이하면 좋다. 틈틈이 읽어 내려가는 한 구절에서 힘을 얻을 수 있다. 내 경우엔 시집에서 도움을 많이 받았다.

S와 N은 정보를 모으고 이해하는 방법으로 S가 오감, 육감을 통해 세상을 이해한다면 N은 딱 보면 각이 나오는 유형이라 할 수 있다.

그래서인지 N 성향인 나는 아이와 관련된 미래나 가능성을 주로 떠올릴 때가 많지만, S 성향인 아내는 아이가 흘리고 있는 침과 헝클어진 머리, 눈에 낀 눈곱이 보이고 만져지고 냄새를 맡아 욕실로 데려가기 바쁘다.

이런 걸 보면 S 성향이 육아에 더 맞는 게 아닐까 싶기도 한데 누군가는 아이의 미래도 생각해야 하니까 각자 잘하는 걸 하기로 했다.

MBTI 8개의 성향 중 육아에 가장 필요한 두 가지 성향이 있다면 T와 F가 아닐까 싶다. 이성적인 생각은 훈육에 필요하고 공감과 이해는 애착에 활용될 수 있기 때문이다.

생활 양식과 대처 방식을 보여주는 J와 P는 시간표를 따르는 여정과 예측불허의 긴장과 새로움을 기대하는 여행에 빗댈 수 있다. 그래서 J 성향인 아빠라면 육아에 틀 같은 게 있으면 좋다. 하루 계획을 세우면 그나마 안정감을 가질 수 있기 때문이다.

부모의 성향에 아이의 기질이 더해지면 오묘한 시너지가 일어난다. 어쩌면 그 알 수 없는 세계로 들어가는 것이 육아인지도 모른다. 사랑이 서로의 불완전한 세계로 이끄는 것이라면 육아만 한 것도 없다.

## 육아는 자기 본성을 거스르는 일이다.

I 성향의 부모라면 에너지의 흐름을 바꾸어 안에서 밖으로 내보내는 연습도 해야 한다. 본성을 거스르는 이런 행동이 긍정적인 자극이 될 수 있기 때문이다.

문제를 늘 같은 방법으로 해결하면 비슷한 결과로밖에 이어지지 않는다. 열린 마음과 새로운 도전이 육아엔 필요하다.

다른 결과를 원하면 다르게 행동해야 한다. 당연한 이치다. 성격 유형을 잘 활용한다는 건 자신을 알고 그 반대로도 행동할 수 있다는 의미기도 하다.

나의 성격과 성향에 갇히지 않으려는 시도가 새로운 도전의 출발이다. 이런 생각으로 분유 먹일 때도 이쪽저쪽 방향을 바꿔가며 먹였는데 더 잘 먹는 방향만 확인했다. 하지만 잘 안 먹는 방향은 더 확실해 졌다.

부모와 아이에겐 무한한 가능성이 있다. 이 가능성을 확인하고 성장하고 성숙시키는 것이 육아의 목표라 할 수 있다. 아이와 부모가 함께 성장하는 것이다.

## 가능하다면 육아를 이해해 보자! ――――――――――
―――――――――― 육아는 어쩌다 영웅이 되는 과정이다.

### 부모는 생활형 영웅이 아니다.

부모는 다 영웅이라 생각한다. 부모는 육아라는 운명의 소용돌이에 자기도 모르게 던져진 사람들이다. 듣기 좋은 말이 아니라 부모는 어쩌다 영웅이 된 그런 케이스다.

지금에야 수십 번 시뮬레이션을 돌려본다고 할 수 있다거나, 알수 있는 육아가 아닌 걸 알지만, 많은 생각과 준비 끝에 결정한 임신과 출산이었기에 현실 육아의 충격을 인정하는 게 솔직히 힘들었다.

가끔 아이 없을 땐 어떻게 살았더라. 상상하곤 하는데 그때로 돌아갈 수 없구나로 끝내곤 한다. 아니, 정확히는 불가능 하구나로 끝나버린다. 하지만 돌아갈 수 있다 해도 이전의 나로 살긴 힘들 것이다. 이제는 내가 좀 변한 것 같기 때문이다.

놀기 바쁘고, 출근하기 바쁘고 생각할 게 많은 삶. 그 위에 아이의 현재와 미래까지 추가된 육아의 삶이다. 그런데 이런 삶이 영웅의 입문 과정이라는 사실을 사람들은 잘 모르는 것 같다.

아니, 뭐 영웅? 내가 너무 힘든 삶을 살고 있나? 이젠 별 이상한 소릴 한다며 나 또한 웃어넘기려 한 게 사실이다. 조금 양보해 아무리 상상력을 더해 봐도 영웅의 자질이나 능력이 없다는 건 본인이 가장 잘 알고 있는 사실이기에 더 말도 안 되는 소리로 들렸다.

차라리 설거지 잘하는 게 영웅이라면 틀린 말은 아니었다. 쌓여 있는 빨래를 퇴근 후 바로 할지 아니면 아이 재우고 할지 소소한 고민으로 가득 찬 생활형 영웅이라고 했다면 아, 비유적 표현으론 맞지! 했을 것이다. 하지만 이렇게 모양 빠지는 영웅이라면 차라리 육아에 찌든 그냥 아빠가 더 어울릴 표현인 것 같았다.

맞다. 영웅이라면 적어도 이순신 장군 레벨 정도는 돼야 인정할 수 있었다. 영웅에게 있다는 고통, 목표, 기회라는 3요소를 갖춘 영웅 말이다.

장군을 보면 충분히 고통당했고, 분명한 목표가 있었으며 그 목적을 이루기 위해 적어도 한 번의 기회를 가진 진짜 영웅이었다. 이런 장군과 나 같은 사람을 비교하자니 영웅이란 표현은 그저 말장난에 불과했다.

그런데 이 영웅의 3요소를 천천히 보자니 생각이 조금 달라졌다. 육아라는 충분한 고통, 아이를 잘 키우겠다는 분명한 목표, 매 순간 이러지 말고 저렇게 할 기회를 가진 나라면 이거 영웅이라 불릴 수도 있는 거 아니야? 싶었기 때문이다.

그렇게 내가 겪고 있는 육아의 시간과 내용을 좀 자세히 살펴보고 싶어졌다. 대체 육아가 무슨 의미인지, 지금 무슨 일이 일어나고 있는지, 하루에도 몇 번씩 온갖 이벤트로 날 자극하는 육아의 실체가 알고 싶어진 것이다.

## 영웅의 여정은 부모의 삶과 닮았다.

동서고금을 불문하고 영웅이라 불리는 사람에겐 영웅의 3요소와 함께 영웅이 가는 길이 있다고 한다. 영웅의 여정이라는 불리는 이 길은 영웅이 되기 위한 과정과 시간을 의미한다. 신기하게도 모든 영웅의 여정은 그 순서와 과정이 거의 비슷하다.

이를테면 평범한 일상을 살던 인간 시절 영웅은 어떤 사건으로 일상이 파괴된다. 그렇게 살던 곳을 떠나 가혹한 상황에 놓인다.

영웅은 버려지고 좌절하며 각성한다. 그리고 이전과는 완전히 다른 생각과 시각을 갖고 숨겨진 능력이 깨어나면서 영웅으로 다시 태어난다.

이제 영웅은 적을 물리치고 살던 곳을 회복시키며 영웅의 여정도 끝나게 된다. 하지만 그토록 바라던 예전의 삶으로 돌아왔지만, 영웅에겐 그렇지가 않다. 영웅의 몸과 마음이 예전과는 많이 다르기 때문이다.

이런 영웅의 여정은 부모의 삶과 닮았다. 아이가 태어나서 아내와 내 인생은 변하기 시작했다. 아이로 인해 우리의 일상은 파괴됐다.

우리는 먹고 마시고 즐기던 모든 것에서 떠날 수밖에 없었다. 육아는 직장에도 영향을 줬다. 연차 신청이 늘고 휴가도 놀기 위한 게 아니라 육아를 위해 쓰기 시작했다. 심지어 육아휴직도 신청한 우리였다.

육아는 개인적인 좌절을 느끼게 하고 직장과 돈이란 현실적인 문제가 얼마나 가혹한지 알게 했다. 그렇게 육아는 우리에게 익숙한 것들과의 결별을 재촉했다.

하지만 육아의 시간이 흐르면서 이전에 몰랐던 상황과 감정은 많은 것을 바꿔놓았다. 육아하지 않았으면 몰랐을 기쁨과 슬픔, 분노와 즐거움이 인생의 다른 면을 일깨우며 삶을 돌아보고 반성하게 한 것이다.

어쩌면 영웅도 깨달음의 단계에서 이런 각성을 경험하지 않았을까? 육아를 통한 각성은 육아를 대하는 태도를 완전히 바꿔놓았다.

그렇게 육아의 시간이 흐르고 우리에게도 조금의 여유가 생겼다. 그러면서 이전의 일상도 조금씩 회복되었다. 하지만 그렇게 바라던 예전의 일상이 왠지 낯설게 느껴졌다. 환경이 변해서라기보다 우리의 생각과 모습이 달라졌기 때문이었다. 나와 아내는 이전의 우리가 아니었다. 우린 부모가 돼 있었다.

이젠 육아가 영웅의 여정이란 말이나 부모가 영웅이라는 것이 허투루 들리지 않는다. 오히려 고뇌하고 좌절하며 치열하게 영웅의 과정을 지나고 있는 부모의 눈물이 먼저 떠오른다.

육아가 영웅의 길을 가게 한다면 부모는 영웅이 될 운명에서 벗어날 수 없다. 부모마다 다른 여정이지만, 어느 아빠나 육아의 여정을 지나며 부모라는 영웅으로 다시 태어난다.


## 충분히 다가서지 않으면 육아가 마음에 들지 않는다.

한 장의 사진을 본 사람들이 웅성거렸다. 어떻게 이렇게 가까이서 찍었을까? 전쟁 속 상황을 카메라에 담은 사람은 로버트 카파라는 기자였다.

기자 정신을 뜻하는 카파이즘을 탄생시킨 이 기자는 당신의 사진이 만족스럽지 않다면 충분히 가까이서 찍지 않았기 때문이란 유명한 말을 남겼다.

육아가 좀 더 현실적으로 진지하게 다가오지 않는 이유도 비슷하지 않을까? 멀리 떨어져서는 육아를 알 수도, 할 수도 없다. 아빠는 육아 가까이 아주 근접해 있어야 한다.

영웅의 여정 중 가장 힘든 스텝은 누가 뭐래도 좌절과 고난의 단계다. 이 과정에선 무조건 버티고 견뎌야 한다. 무엇보다 과정이 끝났을 그곳에 시선을 고정해야 한다. 그 끝에 다시 태어난 아빠가 있기 때문이다.

어쩌다 영웅이 된 부모라도 영웅은 영웅이다. 그 운명을 포기하지 않고 당당히 맞섰기에 부모는 누구보다 멋진 인생의 영웅이며 육아의 주인공이라 불릴 만하다.

## 가능하다면 아내를 이해해 보자! ─────────
───────── 왜 남편은 아내를 챙겨주지 않는가?

### 아저씨의 빵 잡는 기술이 가능했던 이유

조용한 카페에서 넋 놓고 있는 게 좋아 일부러 일찍 출근하는 편이다. 그런데 멍해 있는 내 모습이 이상했는지 지나가던 선생님이 걱정스러운 눈빛으로 다가와 인사를 건넸다.

샘, 아침부터 왜 이러고 있어요?

아, 안녕하세요? 그냥 일찍 오는 게 좋아서요.

아 그래요! 난 또 친구도 없고 적응도 못 해서 그런가 걱정했어요.

굳이 구석까지 찾아온 오지랖 선생님은 어제 갔던 핫플레이스와 오늘 업무에 관한 말을 한 아름 풀어 놓고 만족한 표정을 지었다.

더는 안 되겠다 싶어 말을 끊으려는데 마침 뭔가 생각난 선생님이 급히 자리를 떠났다. 그 뒷모습을 보며 별일 없이 산다는 노래를 선물로 쏴줄까 했지만, 번호를 몰라 참았다.

깨진 평정심은 회복이 어려웠다. 거기다 갑자기 드르륵 의자 끄는 소리와 털썩 짐 놓는 소리가 결국엔 금이 간 내 평화를 완전히 갈라놓았다.

까치발을 한 아주머니는 여기요! 여기를 외치며 남편을 불렀다. 곧이어 한 아저씨가 느릿느릿 다가오자 아주머니는 각을 잡으며 아저씨를 손님 맞듯 반겼다.

그런데 무거운 짐도 아내가 들고 자리도 아내가 찾고 저 남편은 대체 뭐 하는 사람일까? 갑자기 부산스럽게 등장한 옆 테이블에 신경이 쓰이기 시작했다.

남편은 털썩 자리에 앉더니 쩍벌남 자세를 취하며 신문을 넓게 펼쳐 들었다. 앉은 자세와 신문이 보이자 머릿속엔 자연스레 꼰대란 단어가 떠올랐다. 요즘 같은 시대에 신문이라니! 이상하게 처음 본 이 남편의 행태가 점점 얄밉게 느껴졌다.

신문 벽을 사이에 두고 아내는 가져온 빵을 먹기 좋게 잘라 남편에게 권했다. 남편은 빵을 보지도 않고 아주 감각적으로 받았는데 그 모습이 거의 달인 수준이었다.

아마도 저런 환상적인 캐치를 하려면 반복된 세월이 십 년. 이십 년 가늠이 안 됐다. 하지만 그동안 달인 곁에 아내가 있었다는 건 짐작 할 수 있었다.

아내는 핸드폰을 보면서도 남편에게 눈을 떼지 못했다. 아내는 익숙하게 물이나 휴지 같은 걸 착착 대령했다. 그렇게 자리를 뜰 때까지 둘은 대화 한번 없이 각자의 역할에 최선을 다했다.

## 아, 맞다! 나도 남편이었지!

달인에게 넋 놓고 있다가 급하게 들어와 옷을 갈아입는데 대체 남편은 왜 챙김을 받기만 할까? 아니, 왜 남편은 아내를 챙겨주지 않을까? 이유 모를 분노의 혼잣말이 시작됐다. 그리고 이내 비슷한 연배의 아빠가 소환됐다.

누나는 아빠를 채근하며 엄마 없인 아무것도 못 하는 아이 같다고 쏘아붙였다. 아빠가 듣기 싫은 눈빛으로 자리를 뜨면 화살은 엄마를 향했다. 이렇게 된 건 엄마 탓도 있다는 말에 엄마도 자리를 피했다. 모양만 달랐지 아까 그 부부와 닮은꼴이었다.

한쪽만 보살핌을 주는 관계 그걸 또 너무나 당연히 받는 남편,

이런 모습은 문화 탓일까? 아니면 교육의 정도? 그도 아니면 인성 때문일까? 정답 없는 질문을 되뇌다 나도 남편이란 사실에 화들짝 놀랐다.

남편이 되고 보니 아내를 챙기지 못한 수많은 이유는 그게 뭐든 설득력 없었다. 연애 땐 당연했던 행동이 결혼 후 달라진 걸 보자니 더욱 그랬다.

사실 설거지 같은 건 별것도 아니었다. 하지만 내가 변한 건지 설거지가 이상해진 건지 왜 나만 하지? 왜 더 많이 하지? 이상한 억울함이 몰려왔다. 설거지는 시작에 불과했다. 그렇게 말하기도 구차한 것으로 빈정 상할 일이 많아지기 시작했다.

설거지와 집안일이 두 배가 된 건 한 집에 두 명이 살기 때문이고 지금은 아이도 있으니 해야 할 일이 그 이상인 게 당연했다.

## 아내와 아이는 남자의 변신을 원한다.

남자가 자기 시간이나 습관을 내려놓지 못하면 결혼생활과 육아의 삶이 불가능하다. 남자가 남편이나 아빠가 되지 못하면 시간이 갈수록 삶의 고뇌가 깊어진다.

자기 생활도 즐기고 결혼생활과 육아도 같이 하려는 삶은 버티는 삶일 뿐이다. 기쁨도 설렘도 의미도 없이 버티는 삶에서는 곧 에너지가 모두 소진되고 만다.

아내와 아이는 아빠의 느린 변화보다 남편과 아빠로의 변신을 기다리고 있다. 아빠는 어떻게 되겠지! 하며 기존 삶을 유지하려는 마음을 버려야 한다. 대신 아빠의 삶을 선택해야 한다. 아빠에겐 점진적인 변화가 아니라 변신이 필요하다.

챙긴다는 말에는 여러 의미가 있다. 우선, 필요한 물건을 찾아서 갖추기. 뭐 빠진 게 없는지 챙기기. 뭔가 거르진 않았나 살피기 또, 자기 것으로 취한다는 뜻이 있다. 가만히 보니 이 챙기다 만 잘해도 꽤 괜찮은 남편과 아빠가 될 수 있을 것 같다. 아빠는 아내를 잘 챙겨야 한다.

## 돌봄이란, 그런 느낌을 들게 하는 것. 육아는 돌봄을 느끼게 하는 것이다.

챙기다와 비슷한 말로 돌봄이 있다. 그런데 간호사에겐 이 돌봄이 주는 의미는 남다르다. 간호대학 때 들었던 돌봄의 의미는 이랬다.

돌봄이란, 그 사람을 위해 존재하는 것, 그 사람을 존중하는 것, 그 사람과 함께 느끼는 것, 그 사람과 친밀해지는 것 곧, 돌봄 받고 있다는 느낌이 들게 하는 것이 바로 돌봄이었다.

아빠가 엄마와 아이에게 줘야 할 게 있다면 돌봄 받고 있다는 느낌이다. 육아는 아이에게 돌봄 받고 있다는 느낌을 주는 것이다.

누군가를 돌본다는 건 굉장히 힘든 일이고 사랑과 관심뿐 아니라 시간이 필요한 일이다. 하지만 남편이 아내를 챙기지 않으면 누가 챙기겠는가? 잘 챙기지 않다가 누가 챙겨갈지도 모르니 남편은 항상 조심해야 한다.

## 남편이 포기한 육아의 몫은 아내의 것이 아니다.

아내를 챙기지 않으면 감정싸움이 되지만, 아빠가 아이를 챙기지 않으면 독박 육아를 마주하게 만든다. 아빠가 포기한 현실 육아의 몫은 아내의 것이 아니다. 남편이 포기한 육아의 대안이 아내면 그때부터 독박 육아가 시작된다. 남편이 집에 있지만, 아내 혼자 아이를 키우는 이상한 장면이 펼쳐지는 것이다.

아내의 독박 육아는 아무것도 안 하는 남편 때문이자 그의 빠른 포기에서 시작된다. 결국, 독박 육아가 존재하는 이유는 남편이 자기 육아를 하지 않기 때문이다.

남편은 칭얼대며 우는 아이를 이렇게도 저렇게도 못 하는 경우가 많다. 그래서 아이가 울면보다 못한 엄마가 달려온다. 남편의 눈동자가 흔들리고 이내 아이는 엄마 손으로 넘어간다.

하지만 아빠가 자기 육아를 끝까지 하면 독박 육아는 설 자리를 잃게 된다. 아빠는 육아를 잘하지 못할 뿐. 할 수 없는 게 아니다.

육아 초기 육아가 어렵고 잘되지 않자 그냥 혼자 하던 모든 걸 멈추고 아내 옆에서 고통이라도 받자는 심정으로 곁에 앉았다.

아마도 그때 처음으로 아내가 육아하는 모습을 제대로 본 것 같다. 아내가 잡은 젖병의 각도와 먹이면서 하는 말, 재우며 하는 행동은 내 것과 달랐다. 아마도 그 사소한 차이가 아이에겐 거대한 차이로 느껴졌을 것 같다.

내 육아를 불편하게 여겼던 아이가 그제야 이해되기 시작했다. 아이를 구체적으로 사랑하려면 천천히 봐야 했는데 대충 쓱 보고 말았으니 육아가 될 리 없었다.

독박 육아를 사라지게 하는 방법은 의외로 간단하다. 남편이 자기 육아를 하면 된다. 남편이 말이 아닌 몸으로 육아할 때 독박 육아는 사라진다.

남편과 아내 중 아내는 육아했으니까 결국, 독박 육아 생산자는 아빠였다. 독박 육아 대부분은 상황이 만든다고 생각했는데 사실은 아빠 때문이었다.

아빠가 포기한 육아의 대안은 엄마가 아니다. 아내는 남편이 챙겨주고 사랑할 대상이지 찾기 쉬운 대안이 돼서는 안 된다.

아빠는 자기 육아를 해야 한다. 그럼, 얼마큼 해야 할까? 아내가 하는 만큼만 해도 칭찬받으리라 확신한다.

# Part 3

# 살아남아 육아하기:
# 실전적용편

# 아빠 육아 십계명 ─────────────────
───────── 자기 앞에 뭐가 있는지 보라!

## 우선순위 = 열정 + 다짐 + 계획 + 의지

삶의 우선순위를 달리 말하면 개인의 열정이고 다짐이며 계획이고 의지라 할 수 있다. 그런데 열정 속엔 고통이란 의미가 함께 존재한다. 고통스러워도 기꺼이 그것을 하겠다는 모습이 우선순위를 따르는 삶인 것이다.

육아 우선순위에서 다짐은 아이와 한 약속을 의미한다. 아빠는 약속을 반드시 지키겠다고 다짐하고 사소한 약속이라도 어기지 말아야 한다. 그 사소한 것만 지켜도 기적이 일어난다.

어쩌면 아빠 중엔 그런 약속은 하고 싶지 않은데요! 할지도 모르겠다. 하지만 누군가 자신을 아빠라 부른다면 이미 약속의 당사자인 것이다. 아빠라 불리는 사람은 아이의 몸과 마음을 지키고 성장과 성숙하는 동안 옆에 있겠다는 무언의 약속에 이미 서명한 사람이기 때문이다.

우선순위를 따르는 삶은 계획이 있다는 뜻이기도 하다. 그런데 계획대로 하려면 예상 가능한 행동이 필요하다. 이를테면 아침 루틴을 만들겠다! 그래서 미라클 모닝이 목적이라면 하루를 예상하고 새벽에 일어나기 위한 계획을 세워야 한다. 육아도 마찬가지다. 육아에 써야 할 시간을 예상하고 주변을 정리해야 행동으로 옮길 수 있다.

삶의 우선순위는 그 자체가 의지의 표현이다. 상황과 환경이 어려워도 그렇게 하겠다는 것이 우선순위를 따르는 삶이기 때문이다. 다른 무엇보다 자기 삶 앞에 있는 것을 선택하는 것이 우선순위에 의한 삶이다.

자기 삶 앞에 뭐가 있는지 보면 정체성이 보이고 미래가 보인다. 만약, 사랑과 관계를 최우선에 둔 사람이라면 아빠라 부를 만하다.

다음의 육아 십계명을 따라가면 남자는 아빠에 가까워진다. 자기 삶 앞에 육아를 가져다 놓았기 때문이다.

## 항상 명랑하자

아빠가 명랑하지 못할 이유는 없다. 명랑하다고 사람이 가볍다는 뜻도 아니다. 아빠의 명랑함엔 힘이 있다. 분위기를 밝게 하고 아내를 웃게 하면 아이가 좋아한다. 명랑은 아빠 육아의 필수 요소다.

어떤 사람이 명랑하면 착한 사람이라 생각해도 좋다. 못된 사람이 명랑하면 그건 사이코패스다. 착한 사람이 다 명랑한 건 아니지만, 명랑한 사람이 착한 건 분명한 것 같다. 하지만 명랑하려면 노력이 필요하다. 육아하며 명랑할 수 없는 상황도 많기 때문이다.

명랑한 사람이란, 어떤 사람을 말하는 걸까? 아마도 어린이집 선생님을 떠올리면 좋을 것 같다. 선생님의 명랑은 아이의 잠재력을 끌어낸다. 새로움에 도전할 용기를 주는 것이다. 잠이 덜 깬 아이가 선생님을 보며 밝게 웃는 모습을 보면 정말 그렇다.

아이의 잠재성을 끌어내는 명랑이라면 그 자체가 교육이라 해도 좋을 것이다. 아이들은 부정적인 분위기에선 아무것도 배울 수 없다고 한다. 반면, 밝고 긍정적인 상태에선 학습력이 배가 된다.

아빠가 명랑하면 아이가 행복하다. 굳이 인상 쓰고 무게 잡을 필요는 없다. 명랑은 아빠의 근심을 떠나게 한다. 세상은 저세상 텐션 일 때 더 즐겁다. 육아하는 아빠에게 명랑은 무기와도 같다.

## 단정하게 차려입자

곧 태어날 어떤 아이의 삼촌이 정장을 입고 나타났다. 식구들이 웃으며 오늘 면접 보냐며 놀렸다. 삼촌은 어이없다는 표정으로 그래도 첫 만남인데 그냥 만날 순 없잖아요! 말했다.

옷은 나를 표현하는 도구이자 상대방을 향한 마음가짐이다. 육아할 땐 고민 없이 선택 가능한 옷과 움직이기 편한 게 최고지만, 청결 유지는 필수다.

아이는 속마음을 보는 게 아니라 겉모양을 본다. 그래서 아빠는 속으로 사랑할 게 아니라 겉으로 해야 한다.아이는 표현해야 알 수 있다. 그래서 아이에겐 확실하고 과감한 말과 행동의 배려가 필요하다. 옷 차림이 그 중 하나다.

## 부드럽게 말하자

아빠가 버럭버럭하면 아이 뇌에 상처로 남는다고 한다. 그래서 아빠는 용서를 구해야 할지도 모른다. 거친 말은 폭력이기 때문이다.

아빠에겐 살살 밀어 넣는 언어가 필요하다. 아, 그래?, 정말? 우와! 그래서? 이런 맞장구와 추임새를 족히 세 마디에 한 번씩은 사용해야 한다.

굳이 이렇게까지 해야 할까? 싶을 때는 한 번도 그렇게 못한 자신을 돌아봐야 한다.

아빠도 부드럽게 말하는 사람이 좋다면 분명히 아이도 그렇다. 부드럽게 말해야 가르칠 수 있고 아이의 귀가 열린다. 아빠의 부드러움이 곧 강함이다. 정말인지 확인하려면 부드러워지면 된다.

## 아이가 말하면 귀를 기울이자

아빠는 당장이라도 아이와 아내에게 최고의 선물을 줄 수 있다. 바로 잘 들어주는 것이다. 잘 듣고자 하는 자세만으로도 참 괜찮은 아빠가 될 수 있다.

아내의 불만은 남편이 자기 말을 귀 등으로도 안 들을 때 쌓여간다. 아이도 한마디 했을 뿐인데 열 마디로 돌려받으면 더는 말하고 싶지 않다. 듣게는 능력이고 힘이라는 걸 아빠는 보여줘야 한다.

아이들은 안녕하는 아기 고양이 캐릭터를 좋아한다고 한다. 이 캐릭터는 듣기만 한다. 심지어 입도 없다. 이 인형과 있으면 아이는 하고 싶은 말을 마음껏 할 수 있다.

아이의 소원이 엄마 아빠를 이 인형처럼 변하게 해 주세요! 가 되지 않으려면 아이 말을 끝까지 들어야 한다. 그러면 아이는 자기 속마음을 들려준다. 아빠의 닫힌 귀는 열고 입은 닫혀야 한다. 이걸 들었다면 행동으로 옮겨야 한다.

## 약속을 생명같이 여기자

아빠는 약속을 지켜야 한다. 아직 숫자도 모르는 아이에게 세 번 해 줄게! 하면 정말 세 번 해줘야 한다. 오늘 지키지 못한 약속은 사라지지 않고 지킬 때까지 남아 있다.

그렇게 어딘가에 쌓이고 쌓여 담이 되어 아빠와 아이 사이를 갈라놓는다. 아빠는 이 담을 허물고 넘어뜨려 아이 쪽으로 가야 한다. 약속을 지키면 담은 무너진다.

아빠라 불리는 모든 남자는 아빠의 역할과 책임을 아이에게 약속했다. 자신에게만 향했던 눈을 이젠 육아와 아이에게로 돌릴 차례다. 약속을 지키면 아빠가 된다.

## 겉모습으로 아이를 판단하지 말자

병원에 온 아이는 우리가 안내하는 대로 검사도 잘 받고 주사도 의젓하게 맞았다. 우와 정말, 대단하다! 모두가 칭찬을 아끼지 않았다.

퇴근하는데 웬 아이가 병원 바닥을 온몸으로 쓸고 있길래 이 아이는 대체 뭘까? 싶었는데 바로 며칠 전 그 얌전하던 아이였다. 대체 무슨 일이 있었던 걸까?

아이에겐 아무 일도 없었다. 그저 아픈 게 사라졌을 뿐이었다. 이 모습이 건강한 아이의 모습이었다. 겉모습만 보고 우린 얼마나 많이 편견과 오만한 잣대를 아이에게 들이대고 있을까? 지금 보는 아이의 모습은 가감 없는 날것 그대로의 모습이란 걸 기억하자!

## 사랑, 칭찬, 감사는 겉으로 표현하자

사랑과 칭찬과 감사는 표현하지 않으면 알 수 없다. 알 것 같아도 하는 게 백배는 좋다. 그런데 과한 칭찬이 오히려 부정적인 영향을 줄까 봐 이런 칭찬도 자제하려는 것 같다.

하지만 이런 과함과 진짜 칭찬도 구분 못 하는 아빠라면 반성해야 하지 않을까? 어쩌면 칭찬에 관한 책을 10권쯤 읽으면 감이 올지도 모르겠다.

칭찬이 걱정이라면 설명을 요구하는 방법이 있다. 아이가 완성한 블록을 가져오면 우와! 잘 만들었네! 가 아니라 그런데 이 블록 이름은 뭐야? 이 색은 왜 여기에 넣었어? 이 공간은 어떻게 쓰려고 만들었어? 꼬치꼬치 물어보는 것이다. 그러면 아이는 어떻게든 설명하려고 애쓴다.

아이의 행동에 바로 칭찬하는 것보다 이렇게 자세히 물어보면 그것이 곧 칭찬인 것이다. 칭찬이란, 아이가 한 행동에 관심을 가지고 잘 봐주는 것이다. 아빠의 진짜 관심은 칭찬보다 몇 배는 효과적이다.

아빠는 표현에 인색하면 안 된다. 특히, 아내에겐 더 잘 표현해야 한다. 그걸 보고 아이가 배우기 때문이다. 감사가 넘치는 아빠에겐 행복도 넘친다는 걸 기억하자!

## 꼭 해야 한다면 주저하지 말자

육아는 선택 사항이 아니다. 아빠가 해야 할 육아를 엄마가 대신할 순 없다. 엄마 육아와 아빠 육아는 각자의 바퀴처럼 굴러야 한다. 아이에게 줄 수 있는 게 다르기 때문이다. 그렇게 각자 자기 육아를 할 때 비로소 육아가 균형을 이루게 된다. 무엇보다 아이에겐 두 가지 육아 모두 필요하다.

부모는 책임지는 자세를 가진 어른을 뜻한다. 해야 할 일과 하지 말아야 할 일만 잘 구분해도 삶은 명확해진다. 육아는 아빠가 할 일이다. 꼭 해야 할 일에 주저하는 시간은 사치일 뿐이다.

## 끝까지 꿈을 품자

육아는 부모를 꿈꾸게 한다. 때로 부모는 자기 아이가 본인의 꿈이라고 말하기도 한다. 물론 그 꿈이 아이의 꿈인 적은 없지만, 부모의 꿈이 되는 아이들이다.

아빠가 꿈을 품으면 아이는 꿈의 아이가 된다. 하지만 그 꿈을 이루려면 아빠는 육아의 시간을 끝까지 인내해야 한다. 육아에서 아빠의 인내만큼 어렵고 귀한 것도 없다.

끝까지 꿈꾸는 아빠가 되어 아이의 꿈을 응원해야 한다. 사실 꿈은 이뤄질 때까지 꿔야 이루어진다.

## 써야 할 땐 과감히 쓰자

아빠의 자원은 한정적이다. 돈과 체력은 유한하다. 따라서 선택과 집중이 필요하다. 육아 기간은 아빠가 가진 모든 자원을 총동원해야 할 시기다. 육아에 헛된 투자란 있을 수 없다. 더구나 육아에도 유통기한이 있다. 나중엔 하고 싶어도 못한다.

둥지 속 아이도 언젠가는 떠나간다. 육아할 수 있는 시간은 지금도 줄고 있다. 비상금만 조금 남겨 놓고 쏟아부어도 죽지 않는다. 겁먹지 말고 아이에게 쓰자!

# 아빠의 애착 관계로 시작되는 아이의 미래 ─────
───── 더 많이 더 자주로만 가능한 관계 : 애착

## 자식과 어색한 게 말이 돼?

육아에서 애착만큼 중요하고 또 하찮게 여겨지는 단어도 없는 것 같다. 육아 솔루션을 보며 아, 어릴 적 애착 형성이 저렇게 중요하구나! 하다가도 일상에 묻혀 넘기고 마는 현실이다.

사실 나 같은 초보 부모에게 애착은 생각할 겨를조차 없었는지 모른다. 임신-출산-육아로 이어지는 인생 이벤트의 나날인데 갑자기 심리학에서나 들어볼 만한 애착이라니. 할 것 많고 신경 쓸 건 더 많은 육아 생활에서 애착이 설 자리가 없던 것도 이해가 간다.

하지만 육아 한가운데 서 있는 지금 애착만큼 절실한 것도 없으며 집중하고 싶은 것도 없다. 만약, 육아에서 다 버리고 하나만 가지라면 난 주저 없이 애착이요! 외칠 것 같다. 육아하면서 알게 됐지만, 아이와의 애착 관계가 이렇게 중요한지 전엔 몰랐다.

아내가 출근하고 온전히 아이와 남게 된 요 며칠 우리 관계의 실체를 알았다. 어색함이었다. 아이는 아이대로 어색해 보이고 나도 내 자식에게 느껴지는 이 생경함을 어떻게 할 줄 몰랐다.

내가 애착 형성을 잘못하고 있었나? 그게 아니면 뭘 어떻게 하라는 거야? 꼬리를 무는 질문이 뭔가를 놓치고 있다는 신호인 게 분명했다.

사실 육아휴직을 시작하고 뭐, 이 정도면 할 만하네! 미소 지은 게 사실이다. 그래, 다 쉬울 거라 생각한 건 아니었다. 다만, 지금 같은 위기 상황이 내 계획엔 없었다.

## 애착, 그거 뻔한 거 아니요!

한숨이 나왔다. 누구라도 붙들고 초보 부모에 초보 육아자에게 이거 너무 가혹한 거 아니요! 하소연이라도 하고 싶었다. 하지만 아내가 퇴근하려면 아직 멀었고 이제 좋든 싫든 애착을 고민해야 했다.

이럴 줄 알았으면 아동 간호학이나 정신 간호학 시간에 잘 들어 두는 건데. 졸업한 게 언제인데 대학 때 들었던 애착이 소환됐다.

심지어 부모 학원이라도 있어 예습, 복습, 선행학습까지 할 순 없나? 별스러운 생각마저 들었다. 아마도 그만큼 이 상황과 상태가 싫었던 것 같다.

솔직히 애착에 대해선 웬만큼 안다고 생각했다. 애착을 형성했던 어린 시절의 패턴이 인생에 많은 영향을 준다는 게 당연하게 느껴졌다. 또, 아이와 부모의 감정적 연결고리가 우리 관계에 기초가 된다는 것도 짐작할 수 있었다. 하지만 지금 필요한 건 애착의 의미나 설명이 아닌 적용과 애착 형성 방법이었다.

## 애착 형성은 혼자 할 수 없다.

대학 시절이 생각난 김에 먼지 쌓인 간호 서적을 꺼내 들었다. 그런데 역시 교과서 같은 말이 가득했다. 책은 아이에게 일관적이고 적절한 반응을 강조하고 있을 뿐이었다.

그래도 뭔가 있지 싶어 애착에 관한 마지막 부분을 읽다가 아이도 애착 행동을 하고 있다는 말이 눈에 들어왔다. 그런데 신기하게 이 말이 화나 있고 불안한 마음을 가라앉게 했다.

그렇게 바라본 아이가 아빠! 난 뭐 노력 안 하는 줄 알아요? 하는 것 같았다. 아이는 울고, 매달리고, 따라다니고, 때론 저항하며 자기가 할 수 있는 모든 것으로 나와의 애착 관계를 위해 노력하고 있었다. 아빠의 진실한 반응을 기다리면서 말이다.

애착 형성이란, 아이의 이런 행동에 부모가 일관적이고 적절한 반응을 보이면서 형성돼 간다는 걸 이해하지 못했다. 아니! 너무 일상적인 것들이라 크게 의미를 부여하지 못했던 것 같다. 오히려 오늘은 투정이 왜 이렇게 심하지? 생각할 뿐이었다.

아마도 애착에 대한 오해는 부모는 주고 아이는 받는다는 편견에서 시작된 것 같다. 애착은 주거나 받기만 해서는 형성될 수 없다. 애착 자체가 관계를 의미하기 때문이다.

애착이란 관계에서 출발한다. 이 관계가 나의 애착 형성엔 없던 것이다. 아이와의 애착 형성이 엉성했던 게 당연할 수밖에 없었다.

안정적인 애착 관계는 일방통행이 아닌 아빠와 아이의 케미가 있을 때만 가능하다. 한쪽만 관심과 애정이 차고 넘치는 인간관계를 불건강하다 보는 것과 같다. 어쩌면 아이는 아빠, 뭘 주기만 하고 왜 받진 않아요? 했을지도 모르겠다.

## 애착 형성 키워드 : 일관성

꼬리를 물던 질문을 처음부터 다시 해야 했다. 애착을 위해 난 무엇을 어떻게 해야 할까? 결론부터 말하면 일관성 있는 육아가 그 답이었다.

부모는 상황과 환경에 상관없이 아이가 울면 달려가 먹이고, 입히고, 재운다. 모든 부모가 하는 이 평범한 행동을 통해 애착 관계는 형성된다. 지속 가능한 육아만이 애착으로 가는 가장 빠른 길인 것이다.

육아에서 일관성이 중요한 이유는 아이에게 신뢰와 믿음을 주는 행동이기 때문이다. 일관성 있게 육아하고 있다면 그 자체가 애착을 만들어 가는 과정인 셈이다. 반대로 부모의 반응이 이랬다저랬다 하면 이 사람은 못 믿을 사람이군! 아이는 생각한다. 이런 경우엔 애착 관계도 당연히 기대할 수 없다.

## 세상에 믿을 사람 하나만 있다면

아이는 육아를 통해 이 사람 좀 괜찮은데! 그래, 믿어도 될 사람이구나! 하고 믿게 된다. 아빠를 신뢰하게 되는 것이다. 그런데 부모가 제대로 육아하지 않으면 신뢰 대신 비 신뢰적 애착 관계를 형성한다.

육아는 관계이기 때문에 긍정 또는 부정적인 관계로 발전하게 되는 것이다. 이런 걸 보면 아빠는 아이와의 관계에서 끊어질 수 없다. 그건 아이도 같다. 어떤 방식으로든 관계가 만들어지기 때문이다.

아빠가 제대로 육아하지 않으면 애착 형성을 못 하거나 없어지지 않는다. 대신 부정적인 애착 관계가 형성된다. 이런 애착 관계에서 아이는 아빠와 함께 있을 때도 항상 매달리거나 혼자 놀지 않고 새로운 걸 찾아보려는 호기심도 보여주지 않는다. 자신의 불안을 이렇게 표현하는 것이다.

반대로 믿을 만한 애착 관계에선 아빠가 없다가 나타나면 아이는 안정감을 되찾는다. 그런데 신뢰가 무너진 상태라면 오히려 무관심하거나 분노의 감정을 보일 때도 있다.

그럼 신뢰가 무너진 아빠는 어떻게 해야 할까? 당연히 아빠는 완전히 다른 육아를 해야 한다. 아이는 끝없이 부모를 용서한다는 걸 알았으면 좋겠다. 그래서 아빠의 태도가 변하고 이전과는 다르게 육아하면 또 금방 바뀔 수 있다. 이것이 육아에서 찾을 수 있는 희망이고 가능성이라 생각한다.

아이의 변화는 부모의 변화로부터 시작된다. 흔히 듣는 육아 솔루션은 아이가 부모에게 주는 기회다. 변화되고 달라져서 날 좀 변화시켜 달라는 아이의 외침인 것이다.

육아 솔루션에 출연한 아이의 말이 한동안 가슴에 남았다. 이제 기회는 없어! 그렇게 많이 들어달라고 알아달라고 했는데 왜 이제야 듣겠다고 하는지 모르겠다는 분노 섞인 아이의 말에 순간 생각이 많아졌다.

아빠가 변하려면 지금 변해야 한다. 타이밍을 놓치면 되돌리기 어렵기 때문이다. 애착 관계를 쌓고 싶은 아빠라면 지금 결정해야 늦지 않는다.

부모가 먼저 바뀌어야 한다는 말과 세상에 바꿔야 할 건 자신밖에 없다는 말 앞엔 반드시 지금이란 단어가 붙어 있어야 한다. 지금이 아니면 육아할 때가 너무 늦어 버릴지도 모르기 때문이다.

아빠는 지금이 달라지기 딱 좋은 때다. 부정적인 관계를 예방하고 치료하려면 아빠는 일관성 있는 진짜 육아를 당장 시작해야 한다.

## 엄마의 애착 X 아빠의 애착

엄마와의 애착도 중요하지만, 아빠의 애착 관계도 아이에겐 중요하다. 부부가 함께 육아해야 할 이유가 있다면 각자의 애착이 미치는 영향이 다르기 때문이다.

아빠의 애착 관계는 인간관계에 영향을 준다. 그래서 아빠와 애착 관계가 잘 형성된 아이는 대인관계에 적극적이며 어려움에 부딪치면 해결하려는 모습을 보여준다. 인간의 삶이 인간관계의 연속인 걸 생각하면 아빠와의 애착 관계가 아이 삶 전반에 걸쳐 영향을 주는 것이다.

애착은 아이 내면의 긍정적이고 좋은 것들과 연결돼 있다. 이를테면 사랑받을 만한 가치를 의미하는 자기 가치감은 인간관계에서 받을 수 있는 상처에 방패 역할을 한다. 그래서 아빠와의 애착은 아이가 학교생활을 시작하는 청소년기에 진가를 나타낸다.

아빠와의 애착은 엄마와 아이 사이에서도 중요하다. 아빠의 애착이 다리 역할과 중재자 역할을 하며 둘 사이에 문제가 생겼을 때 돕는 것이다.

학교생활, 친구 관계, 엄마와의 관계까지 아빠 애착은 아이의 삶에 중요한 부분을 담당한다. 그래서 만약, 아이의 인간관계에 문제가 있다면 아빠 책임이라 해도 부정하진 못 할 것 같다.

## 아빠의 애착이 아이의 미래를 결정한다.

아빠의 애착 형성은 육아로 시작해서 놀이로 완성된다. 아이는 놀면서 아빠의 모습을 통해 자기가 사랑받고 있음을 확인하기 때문이다.

아빠에게 놀이는 훈육 시간이기도 하다. 시간과 규칙, 한계와 범위를 설정하며 적용할 수 있기 때문이다. 아빠와 많이 놀았던 아이는 배우고자 하는 의지가 있고 친구에게 많은 관심을 보인다. 그래서 아빠의 애착은 현재보다 미래를 위한 것이라 할 수 있다. 아빠의 애착이 미래를 결정하는 것이다.

그런데 아빠 애착이 이렇게 중요하다면서 왜 아무도 말해주지 않은 걸까? 아빠에게 애착 관계에 신경 좀 써! 하는 말을 들어본 적이 별로 없는 것 같다. 사실 이걸 아는 소수의 사람은 이미 그렇게 하고 있다. 알다시피 원래 성공 비법은 잘 공유하지 않는 법이다.

## 대가 없는 완벽한 관계란 존재하지 않는다.

애착은 아빠보다 엄마를 먼저 떠오르게 하는 것 같다. 그래서 자연스럽게 애착하면 나도 엄마가 떠오른다. 아마도 육아 초기 아내도 모든 게 낯설고 서툴렀을 게 분명하다. 하지만 한날한시 함께 부모가 됐음에도 아내는 육아 경력자처럼 보였다. 왜 그랬을까?

이후에 알았지만, 그건 엄마가 아빠보다 더 많이 더 자주 육아했기 때문이다. 여러 번 반복된 육아를 통해 엄마는 애착 관계도 먼저 형성할 수 있었다.

육아엔 왕도가 없다. 육아는 오직 체험으로만 가능하고 자기 것으로 만들 수 있는 성격의 일이다. 어쩌면 이런 육아의 특성이 아빠에겐 다행인지도 모른다. 아빠도 여러 번 반복하면 잘할 수 있다는 희망을 주기 때문이다.

세상엔 대가 없는 완벽한 관계란 존재하지 않는다. 나와 아이는 천륜으로 묶여 있지만, 애착 관계를 위해선 반드시 대가가 필요하다. 이 대가를 치르는 구체적이고 유일한 방법이 육아다. 그러므로 아이를 키우기 위해서든 애착 관계를 위해서든 육아는 일단 하고 볼 일이다.

## 아빠가 육아하면 예술이 된다. ————————

## ———————— 아이가 나의 뮤즈

### 아이 방만 꾸미는 게 육아 준비는 아니다.

육아하는데 가장 필요한 건 뭘까? 난 그게 영감인 것만 같다. 육아를 준비하고 시작할 때는 물품이나 환경이 전부 같았는데 지금은 눈에 보이지 않는 것들이 더 중요하구나! 싶다.

내 경우처럼 초보 아빠 대부분은 아이 방을 꾸미고 좋다는 육아용품으로 채우는 걸 육아 준비로 생각하는 것 같다. 하지만 알고 보니 육아는 방만 꾸민다고 되는 게 아니며 사실 준비라는 것 자체가 불가능한 일이다.

그런데도 육아 준비를 다시 할 수 있다면 우선, 체력을 기를 것 같다. 그리고 즐기던 모든 걸 빨리 끊어 삶을 단순화시키고 싶다. 특히, 자신과 주변 사람들까지 돌아볼 수 있다면 그나마 육아 준비가 됐다고 할 수 있지 않을까?

육아는 아이, 아내, 부모님과의 관계를 살피고 감정을 통제하며 육아하겠다는 태도와 의지로 가능한 일이기 때문이다.

## 육아는 보이지 않는 게 9할이다.

육아는 할수록 눈에 보이는 것도 중요하지만, 보이지 않는 게 더 중요하다는 걸 알아가는 과정이다. 그래서 이전과 다르게 아이의 디테일을 알아가는 것과 애착 관계에 집중하고 있는 요즘이다. 이런 변화를 뭐라 할 수 있을까? 아마도 육아의 방향이 수정됐다는 표현이 가장 적절할 것 같다.

이 방향 수정은 육아를 보는 아빠의 눈을 완전히 바꿔놓았다. 이를테면 육아는 아빠의 불편함이나 개인 시간보다 중요하며 심지어 인생에서 크고 사소한 모든 것보다 그렇다고 할 수 있다.

지금은 아이에게 필요한 것과 어떤 마음으로 육아할 것인지가 분명한 상태다. 이를테면 아이에게 필요한 건 이성적인 말이 아니라 이해할 수 없을 만큼의 사랑과 관심이란 사실이 몸으로 느껴진다.

하지만 생각이 변했다고 육아가 쉬워지거나 만만해진 것은 전혀 아니다. 여전히 애는 왜 낳아서 사서 고생이지? 하는 자책이 멈추지 않기 때문이다. 그런데도 둘째까지 낳는 도저히 이성적으로는 해석 불가능한 삶을 살아내고 있다.

육아는 보이지 않던 걸 보게 하고 관심 없던 것에 시선을 멈추게 한다. 이건 마치 새로운 뇌와 눈을 부여받은 느낌마저 들게 한다. 그래서 아이도 다르게 보이고 가끔 아내도 다르게 보여서 놓지 마! 정신 줄을 외친다. 아빠가 되기 전엔 몰랐던 세상을 만난 것이다.

파브르가 쓴 곤충기가 처음 나왔을 때 사람들은 이게 관찰지인지 논문인지 소설인지 도무지 알 수가 없었다고 한다. 다른 곤충 관련 책과는 너무 달랐던 그의 책은 사람들을 당황하게 했다. 그만큼 파브르는 곤충 세상 속에 있었다.

아빠는 지금 육아 세계 속에 있다. 어쩌면 이 책을 읽고 있는 당신도 이게 육아 책인지 앞으로 어떤 얘기를 하려고 이러는지 그것이 예술인지 대체 뭐야? 생각할지도 모른다.

지금부터의 이야기는 예술에 관한 것이지만, 육아로 마무리되는 이야기다. 육아가 예술이라 말하려는 이유는 예술이 육아하는 사람을 위로할 수 있기 때문이다. 그래서 당신의 육아가 예술이 되어 위로받길 원하기 때문이다.

## 예술이 육아의 삶을 치유하는 방법

화가 파울 클레는 예술은 보이는 것을 재현하는 것이 아니라 보이지 않는 것을 보이게 한다고 했는데 이 말대로라면 육아가 예술로 보이는 것도 크게 이상한 일은 아니다.

만약, 육아가 예술이라면 참 신나는 일이 아닐 수 없다. 예술엔 지치고 힘든 마음을 위로하는 힘이 있기 때문이다. 현실부정과 도피 생활을 꿈꾸는 아빠에게도 육아가 예술이라면 반전을 기대할만 하다.

하지만 대체 예술이 어떻게 위로할 수 있다는 걸까? 예술은 우리의 생각과 마음의 변화를 통해 위로를 전한다. 이 변화를 마음의 치유 과정과 있는 그대로의 삶을 인정하고 받아들이는 수용성이라 봐도 좋을 것 같다. 하지만 만약, 자기 객관화를 떠올렸다면 그것과는 다른 것이라 말하고 싶다. 생각과 마음의 변화는 자기 객관화를 뛰어넘는 단계이기 때문이다.

무엇보다 자기 객관화로는 삶의 깊이와 폭에 대한 변화를 느낄 수 없다. 자기 객관화는 객관화된 자신을 뛰어넘을 만한 그 어떤 힘도 제공하지 않는다. 단지 자기 객관화의 목적은 말 그대로 객관화에 있을 뿐이다. 하지만 예술은 마음의 뿌리에 영향을 주고 더 근본적인 질문을 던지며 변화를 끌어내고 싶어 한다.

예술은 우리 삶을 긍정적이고 좋은 방향으로 이끌고 싶다. 하지만 우리 생각과는 다르게 마냥 밝고 친절하거나 온유한 방법은 아니다. 심지어 여러 번의 모진 현실과 독대할 상황으로 우릴 밀어 넣을지도 모른다. 그래서 예술은 밝은 면만 보려는 우리의 수고를 정면으로 부정하는 것처럼 보인다. 하지만 이런 예술의 목적은 하나다. 어두운 면을 숨기거나 부정하거나 무시하는 자신과 직면하게 만드는 것이다.

하지만 자신과의 독대는 언제나 부담스럽고 그 자체를 부정하고 싶을 만큼 괴로운 일이다. 그런데도 예술은 그 시간을 통해 자신을 인정하고 용서하며 슬픔 속에서 다시 시작할 용기를 찾길 원한다. 무너지고 깨진 마음 조각을 모아 새롭게 하는 성숙함의 길로 안내하는 것이다.

이제 앞서 읽었던 예술을 육아로 바꿔 읽으면 왜 육아가 예술인지 알 수 있을지도 모르겠다.

## 육아는 부모를 세련되게 한다.

예술은 천하고 보잘것없는 경험을 고상하고 세련된 경험으로 변화시킨다. 육아 때문에 천해지고 보잘것없이 느껴졌던 경험을 고상하고 세련된 경험으로 변형시키는 것이다.

부정적인 생각과 마음이 바뀌는 과정을 통해 우리는 위로 받으며 삶을 해석하고 이해할 수 있게 된다. 예술에선 이 과정을 승화라 부른다.

그 옛날 화학 시간에나 들어봤을 단어 승화. 사실 승화는 고체가 기체로 변하는 것으로 얼음이 녹는 현상을 말한다. 대체 왜 승화라고 한 걸까?

우리의 천하고 보잘것없는 감정 상태는 차가운 얼음과 같은 상태다. 이 차고 매서운 마음은 곧잘 거친 말과 행동으로 나타난다. 신경질적인 모습으로 육아하는 모습이 이런 얼음 같은 상태다. 그런데 이 얼음 같은 마음을 녹여주고 날려준다면 승화만큼 괜찮은 단어도 없을 것 같다. 우리는 삶의 승화를 통해 위로받는다.

예술이 나의 꼬여진 마음을 풀고 굳어진 마음을 녹여준다면 그것은 분명 위로다. 그래서 육아가 예술이 되면 육아하는 사람은 육아로 위로받을 수 있다.

## 감정에 따른 육아는 거절해야 한다.

육아 문제는 육아 자체가 답인 경우가 많다. 이를테면 독박 육아가 문제라면 대부분 남편의 육아가 답이다. 통 잠을 못 자는 아이, 밥을 거부하는 아이, 쪽쪽이를 떼지 못하는 아이, 말이 늦은 아이를 위한 최선의 행동은 끝까지 육아하는 길뿐이다.

예술이 사람을 치유하듯 육아는 육아하는 사람을 치유한다. 부모는 육아를 통해 단단해진다. 더는 부정적인 감정 때문에 육아가 좌지우지 않게 되는 것이다.

육아 때문에 남루하게 느껴졌다면 육아의 과정이 아빠를 아주 세련되고 고상하게 변화시켜 줄 수 있다. 이것이 육아가 예술이 될 때 일어나는 현상이다. 육아를 예술로 할 사람은 부모밖에 없다. 부모만이 육아의 삶을 예술로 살 수 있기 때문이다.

## 육아가 예술이 되면 영감이 필요하다.

하지만 육아를 예술로 하려면 영감이 필요하다. 예술을 영감 없인 할 수 없기 때문이다. 육아에서 영감이란 육아를 완성 시키는 나머지 1%다. 에디슨이 말한 99%의 노력과 1% 영감에선 주로 노력이 강조되지만, 정작 중요한 건 영감이었다. 성공의 99%는 노력이다. 하지만 노력하는 사람은 많다. 그들에겐 없는 1%의 영감이 에디슨에겐 있었다.

대부분 부모는 육아에 최선을 다한다. 하지만 그들에게 1% 영감이 없다면 육아를 예술로 할 수 없다. 대체 영감은 어떻게 갖게 되는 걸까?

　한 작가의 말을 빌리면 영감은 꾸준함으로 얻을 수 있다. 영감이 언제 올지 모르니 항상 하던 대로 자신의 일상을 살면 영감을 만날 수 있다는 것이다. 그래서 아빠가 영감을 만날 수 있는 방법은 지루하고 고된 육아의 일상을 살아내는 것이다.

　예술가에게 영감은 뮤즈로 통한다. 육아할 시간에 육아 중이면 이 뮤즈가 아빠를 찾아온다. 반복되는 일상에서만 뮤즈를 만날 수 있기 때문이다. 아빠가 뮤즈를 기대하면 육아에서 기쁨을 만나게 된다.

## 아이는 영감의 치트키다.

　하지만 육아하는 사람에겐 영감의 치트키가 존재한다. 바로 아이가 부모의 뮤즈이기 때문이다. 아이 자체가 부모에겐 육아의 동기며 쓰러질 때 다시 일어나게 하는 힘이다.

　우리가 육아하는 이유는 아이 때문이다. 때로 아이를 위한 육아보다 부모를 위한 육아를 원하지만, 결국 육아의 시작과 끝엔 아이가 있다.

　아이의 눈에선 밝기를 알 수 없는 별이 빛난다. 기대에 찬 눈으로 빤히 바라보는 그 별은 순수하다. 우리가 어디서 이런 순수함을 만날 수 있겠는가?

자고로 별은 영감의 원천이라 했다. 빈센트 반 고흐의 작품도 별이 빛나는 밤이고, 좋아했던 라디오 제목도 별이 빛나는 밤인 걸 보면 정말 그렇다. 그런 별이 아빠 옆에 있으니 부모는 뮤즈와 함께 사는 사람들이라 할 수 있다.

## 아이가 찾아준 오래된 아빠의 뮤즈

아이는 자기를 놀라게 한 뭔가가 있으면 아빠에게 알려주고 싶어 신이 나서 뛰어온다. 아무것도 아닌 장난감, 책, 벌레가 아이에겐 신통방통한 영감으로 보이는 것 같다.

아이가 만난 영감은 삶의 희로애락으로 묻힌 오래된 아빠의 뮤즈이기도 하다. 그래서 아이가 이끈 그곳에서 아빠는 오래전 자신의 뮤즈였을 것과 재회한다. 별과 사랑과 오래된 뮤즈를 소환시키는 아이는 영감 자체다.

육아를 예술로 하려면 영감이 필요하다. 그래야 육아를 통해 위로받고 아이디어가 떠오르고 삶의 한 걸음 다시 내디딜 수 있기 때문이다.

육아를 예술로 하는 부모는 모두가 아티스트다. 육아라는 작품 활동 중이며 아이가 부모의 영감이다. 세련되고 고상하게 오늘의 작품 활동 중인 부모는 육아하는 작가라 할 수 있다.

## 욱아말고 육아해야 하는 이유 ─────
───── 육아는 감정이 아니라 마음을 주는 일이다.

### 버럭은 가성비가 떨어진다.

세상에 못 믿을 사람 중 하나가 욱하는 사람이다. 욱하는 사람 중 정확히 3초 후에 욱할 거니까 놀라지 마! 예고하고 버럭대는 사람은 없다. 욱하는 사람을 피하고 싶은 이유는 그의 말이나 행동을 예상할 수 없기 때문이다.

휘몰아치는 감정을 방어할 수 없기에 버럭은 사람을 당황하게 만든다. 불같이 일어나는 욱이란 감정엔 어떤 조절 장치도 없어 보인다.

예측 불가한 욱함의 반대편엔 일관성이 있다. 육아에선 이 일관성이 거의 진리 같은 말이라서 화낼 일이 잦은 요즘 이래저래 생각이 많아졌다.

욱이 속에 있을 땐 그나마 괜찮다. 안에서야 불같이 타도 그만이고 혼자 이불킥을 날려도 그뿐이다. 하지만 욱한 감정이 밖으로 나오면 수습하기 어려운 상황이 펼쳐진다.

아빠의 버럭에 대한 가족의 반응은 다양하다. 먼저 아이가 놀라서 울고 아내는 달래며 레이저를 쏜다. 하지만 아빠도 마냥 괜찮은 건 아니다. 버럭 한 김에 속이라도 시원해야 하는데 오히려 분노 게이지가 요동치기 때문이다.

거기다 뒤따라오는 죄책감의 후폭풍은 온전히 아빠 몫이다. 이렇게 최선을 다해 버럭대도 역효과만 나는 욱은 모두에게 무익하다. 버럭은 가성비가 떨어지는 일이다.

가끔 육아라고 쓰려다 욱아라고 잘 못 쓸 때가 있다. 오타를 보면서 육아를 해야 하는 데 왜 욱아하고 있나? 혼잣말이 시작됐다.

아이는 거친 목소리로 그만해! 혼나! 하면 곧바로 울음을 터뜨렸다. 그런데 버럭에도 면역력이 생겼는지 요즘엔 이 사람 왜 저러지? 여기서 이러면 안 됩니다! 하는 표정이다. 이내 화가 난 아빠가 좀 더 데시벨을 높여 훈육하면 결국 아이 눈에선 눈물이 흐르고 만다.

이 과정을 반복하고 있다면 아빠의 버럭이 훈육을 가장한 감정 폭발의 출구가 아닌지 의심해야 한다. 아빠의 욱함이 때로는 육아에 큰 걸림돌이 되기도 하는데 훈육을 가장한 감정 출구로 욱함을 사용할 때가 그렇다.

육아 중 아빠의 흔한 실수는 부정적인 감정을 너무도 쉽게 전달한다는 것에 있다. 훈육엔 감정을 배제한 간단명료한 언어가 필요하다. 하지만 욱할 상황에서 평정심은 사실 설 자리가 없다. 결국, 욱이 튀어나와 버럭으로 끝내는 과정을 반복한다. 육아에서 아빠가 끊어야 할 악순환의 고리가 있다면 바로 이 부분이다.

육아는 감정이 아니라 마음을 전달하는 일이다. 아이에겐 감정이 아니라 마음을 줘야 한다. 마음을 줘야 애착이 가능하며 인간관계가 만들어지기 때문이다. 다시 말하지만, 육아는 감정이 아니라 마음을 주는 일이다.

## 버럭 컨트롤을 위한 심(心)행일치

아빠는 마음과 행동이 같은 육아를 할 때 버럭하지 않을 수 있다. 마음은 말과 행동을 통해 아이에게 전해진다. 하지만 욱한 감정을 참지 못하고 버럭대면 아이는 아빠 마음을 부정적으로 받아들인다.

부모 마음이야 어떻게든 알겠지! 하는 확고한 믿음은 아빠에게만 있을 뿐이다. 아빠의 마음이야 어떻든 아이는 아빠의 행동과 말을 그대로 받아들인다.

아이에겐 아빠의 진심을 알 방법이 없다. 어른이라도 표현을 안 해 주면 마음을 알아채기 힘들다. 말해주고 행동으로 보여줄 때 조금 알 수 있는 것이 사람 마음이다.

우리는 상대방의 진심을 알 수 없다. 상대방의 진심을 어떻게 알 수 있겠는가? 다만, 말과 행동을 보고 믿어주고 사랑하면서 조금 예상할 수 있을 뿐이다.

아이는 아빠의 말과 행동에 따라 이 사람을 믿어도 되는 사람인지 판단한다. 버럭 후 달라진 미묘한 감정과 분위기, 아이 표정과 행동을 보면 정말 그렇다.

사랑한다면 있는 그대로 표현해 줘야 한다. 그렇게 할 때 아이가 알 수 있기 때문이다. 오죽하면 열 길 물속은 알아도 한 길 사람 속을 모른다고 했을까? 우리는 그 한 길을 몰라 상처받고 자기도 모르게 상처를 준다.

## 버럭 흉터를 가진 아이

남자가 버럭 할 때가 제일 무섭다는 친구는 누군가의 버럭 앞에서 늘 자기 아빠가 생각난다고 했다. 친구 말대로라면 아빠의 버럭이 딸에겐 치명적인 경험이었다. 우울한 표정으로 아빠의 버럭을 떠올리던 친구가 참 안쓰러워 보였다.

아이는 공포감을 느낀 상태에선 아무것도 들리지 않는다고 한다. 세게 말해야 들을 것 같다는 생각은 아빠만의 생각일 뿐 사실 훈육 면에 선 역효과만 날 뿐이다.

그래서 아이에게 뭔가 가르치고 알려주고 싶다면 부드러운 언어를 사용해야 한다. 버럭이 아이 뇌엔 흉터로 남는다는 사실을 아빠는 기억해야 한다.

이 말을 듣고 아이에게 진심으로 사과했다. 이제까지 욱하며 급발진했던 모습에 진심으로 용서를 구했다. 그런 아빠로 기억되고 싶진 않았기 때문이다.

다시 욱하는 감정이 찾아오면 아빠의 버럭을 기억했던 친구를 떠올린다. 아빠의 버럭이 뇌와 가슴에 흉터로 남는다는 말을 곱씹는다.

하지만 아무리 조심해도 이 욱하는 감정을 완전히 제거할 순 없다. 어쩌면 욱함을 없애려는 시도 자체가 무의미할지도 모른다. 그렇다면 어떻게 해야 할까?

아빠의 버럭을 완전히 제거할 순 없지만, 조절은 가능하다. 욱이 밖으로 나오지 않도록 감정조절 장치를 달아 두는 것이다. 그

장치란 사랑과 아량과 자기 객관화다.

성숙한 어른이라면 사랑하는 사람에게 버럭 할 수 없다. 사랑 속에 욱함을 통제하는 아량이 있기 때문이다. 버럭대는 아빠는 자기 객관화를 통해 감정조절을 해야 한다. 어른이란 책임지는 자세를 가진 사람이며 자기를 돌아볼 수 있는 능력을 갖춘 사람이다. 그래서 아빠는 지독히 어른이 될 필요가 있다.

## 부모에겐 참고 기다림이란 기본값이 제공된다.

욱함은 참지 못함과 짜증의 조합으로 만들어진 감정 상태다. 이 욱함의 반대편엔 사랑이 있다. 참고 기다려 주는 마음과 행동은 이미 검증된 사랑의 속성이다. 누군가를 진정으로 사랑하는 사람은 참을 수 있고 기다릴 수 있으며 부드럽고 좋은 말을 사용하려고 노력한다.

부모는 아이를 참고 기다려 준다. 그래서 아빠가 되었다면 이제부터 뭔가를 참고 기다려야 한다는 뜻이기도 하다. 참고 기다리기 위해선 너그럽고 속 깊은 마음이 필요하다. 아량이 필요한 것이다. 아빠는 아량을 사용해야 한다. 아량을 베푸는 것이 사랑의 모습이기 때문이다.

가끔 장인어른이 아내를 보는 눈에서 이 아량을 본다. 다 큰 자식의 철없는 말에도 장인은 그저 사랑스러운 미소로 웃는다.

육아는 사랑하는 법을 몸으로 배우는 과정이다. 이 과정에서 아빠는 참고 기다리는 방법을 뼈저리게 배운다. 아량을 어떻게 베푸는지 체험하는 것이다.

## 아이가 보내는 최고의 칭찬

참고 기다려 주는 마음을 한 단어로 정리하면 친절이라 할 수 있다. 누군가를 사랑한다는 말은 친절하다는 말과 같은 의미다. 만약, 사랑하면서 불친절한 사람이 있다면 그 사람은 감정만을 사랑이라 생각하는 사람일지도 모른다.

사랑을 감정으로만 생각하면 참고 기다릴 수 없다. 감정이란 자주 변하고 유효기간도 짧기 때문이다. 감정만을 사랑이라 생각하면 불같이 사랑할 순 있겠지만, 화상도 입게 된다.

친절하면 떠오르는 인터뷰가 있다. 아빠가 어떤 사람이냐는 질문에 아이는 아빠는 제게 참 친절한 분이세요! 라고 답했다. 내겐 이 말이 꽤 인상 깊었다. 내 부모를 떠올렸을 때 한 번도 생각해 보지 못한 친절이었기 때문이다. 그렇다고 부모가 불친절했다는 말은 아니지만, 친절했다는 생각은 해본 적이 없는 것 같다.

만약, 누군가 아이를 어떻게 사랑해야 할까요? 묻는다면 이제는 친절하게 사랑해야 한다고 말한다. 아빠가 아이에게 들어야 할 최고의 칭찬이 있다면 아빠가 친절하다는 말이라 생각한다.

참지 못하고 튀어나온 버럭은 친절과는 거리가 먼 행동이다. 사랑하는 마음과 행동이 일치된 모습이 친절이고 사랑이라 할 수 있기 때문이다. 아빠가 욱하지 않는 방법은 아이에게 친절할 때 가능하다.

## 아빠의 친절이 육아를 바꾼다.

몇 가지 이유에서 욱하면 안 되는 이유를 말했지만, 개인적으로는 한 가지 이유가 더 있다. 바로 사랑받지 못한 아이와 친절을 한 번도 경험하지 못한 아이들 때문이다.

이 아이들과 아빠의 욱함이 무슨 상관일까? 몇 해 전 아동학대 사건으로 유명했던 정인이 사건이 있었다. 뉴스를 보는데 말할 수 없는 분노와 슬픔을 느꼈던 사건이었다.

그런데 이상하게 그런 감정이 꽤 오래갔다. 어떻게 본 적도 없고 알지도 못하는 아이 때문에 이렇게 힘들 수 있을까? 안타까움을 넘어선 마음이 무섭게 느껴질 만큼 힘든 며칠을 보냈다.

그날도 아이를 픽업하고 집에 와서 저녁을 먹이는데 울고 떼쓰는 아이에게 욱이 올라왔다. 그런데 알 수 없는 불편함도 함께였다. 아직 버럭 하기도 전인데 왠지 모를 죄책감이 들었다. 그리곤 아이의 투정과 보챔이 아빠의 욱함보다 친절하다는 걸 알았다. 현실 육아의 모든 고됨이나 괴로움도 아빠의 욱함보다는 친절한 것이었다.

그날 이후 아동학대와 관련된 뉴스를 보는 게 더 힘들어졌다. 한 아이가 모두의 아이란 말이 더는 흔한 말이 아니게 되었다. 꽃으로도 때리지 말라는 말도 그랬다.

지금 아빠 앞에 있는 아이는 세상에 하나밖에 없는 선물이다. 이 아이는 내 아이인 동시에 세상 모든 사람의 아이다. 그 아이들은 하늘의 자녀다. 그래서 부모라고 함부로 대하거나 불친절할 수 없다. 아이는 말을 못 할 뿐이지 독립된 하나의 인격체다. 존중받아야 할 존재라는 뜻이다.

## 두 눈 시퍼렇게 뜨고 지켜야 할 아이들

놀이터나 공원에 가면 내 아이 챙기기도 분주하지만, 자연스럽게 다른 아이와 보호자를 은근히 살피게 된다. 그러면서 아이 피부에 멍은 없는지 보호자가 이상한 분위기를 풍기진 않는지 몰래 관찰한다. 얼마 전에 알았지만, 난 아동학대 의무신고자였다.

누구나 두 눈 시퍼렇게 뜬 아동학대 감시자가 되면 고통받는 아이와 죽음 가까이 있는 아이가 구조받을 수 있을지도 모른다. 한 아이가 모두의 아이라면 우리에겐 아이들을 지킬 의무가 있다.

아빠는 지금까진 욱아 했어도 고쳐 쓴 글자처럼 다시 육아할 수 있다. 감정을 다스리고 아량을 베풀며 친절하려고 노력한다면 힘은 들겠지만, 아이는 아빠가 자기를 얼마나 사랑하는지 알게 될지도 모른다. 육아는 마음을 전하는 일이다. 아빠는 감정이 아니라 마음을 전해야 한다. 그게 육아이기 때문이다.

# 아빠가 어린이집을 고른다면 ─────
───── 원장님들 기겁할걸요.

## 어린이집 선택엔 자기 기준이 있어야 한다.

어린이집은 부모와 아이에게 중요한 곳이다. 아이에겐 자기 시
간 대부분을 보낼 공간이며 사회생활을 시작하는 곳이고, 우리
같은 맞벌이엔 집안 경제와 일상생활에 많은 영향을 주는 곳이기
때문이다.

그래서 부모라면 어린이집 선택과 결정이 쉽지 않다. 주변에선
여기가 좋다, 저기가 좋다 하지만, 이상하게 들으면 들을수록 고
민과 궁금증이 많아지는 어린이집이다.

어린이집 선택이 어려운 이유는 자신만의 기준이 없기 때문이다. 물론 아이 개월 수와 위치와 시설, 선생님 등 고려할 게 많기도 하지만, 기준이 있다면 그 선택이 조금이나마 수월해진다.

그렇게 우리가 정한 기준은 두 가지로 원장님이 직접 아이를 돌보는가? 와 어린이집 청소 상태였다.

장난감에 치여도 나름의 정리정돈이 보이는 곳이 있고 들어섰을 때 맡을 수 있는 냄새만으로도 환경에 얼마나 신경 쓰는 곳인지 감이 오기도 한다. 디퓨저로 감춘 냄새가 아니라 청소했을 때만 맡을 수 있는 깔끔함이 우리의 기준 중 하나였다.

그렇다고 오성급 호텔 같은 청소상태를 기대한 건 아니다. 이런 환경이 아이를 대하는 마음을 나타낸다고 생각하여 기준으로 정했다.

청소상태와 함께 원장님의 돌봄 여부도 중요했다. 육아란 몸으로만 이해되고 가능하다는 생각에 책임자의 돌봄 여부가 선택의 기준이 되었다. 물론, 어린이집 상황과 운영기준에 따라 원장님의 돌봄 여부가 달라지지만, 원장님의 실무 능력과 경험이 우리에겐 중요했다.

## 원장님은 명품 귀걸이를 한다.

한 어린이집과 상담 예약을 잡았다. 들어선 어린이집은 깔끔했고 향기까지 좋았다. 원장님도 깔끔한 정장 차림에 방금 샵에서 나온 듯 머리엔 컬이 살아 있었다. 거기다 귀에선 반원을 겹쳐놓은 모양의 명품 귀걸이가 반짝반짝 빛났다.

원장님은 오랫동안 강사로 활동했고 몇 달 전 이곳에 온 육아 전문가로 자신을 소개했다. 열의 넘치는 상담에 우린 연신 고개를 끄덕였다. 그렇게 상담인지 강의인지 모를 시간을 보내고 어린이집을 나왔다.

주차장으로 걸어가며 아내가 드디어 입을 열었다. 애들 봐야 하는데 정장에 귀걸이는 좀 아니지 않아? 나도 좀 그랬는데 그래도 강의는 잘할 것 같던데. 사실 우린 원장님이 육아를 어떻게 하는지, 진심이 어떤지 모른다. 하지만 이곳엔 맡기지 않기로 했다.

어린이집 선택에서 가장 중요한 건 부부의 대화다. 특히, 아빠는 어린이집 선택에 있어 방관자가 되면 안 된다. 관심을 가지고 엄마 말을 잘 들어봐야 한다.

왜 선택을 망설이는지, 왜 다른 어린이집은 후보에서 빠졌는지, 무엇이 가장 중요한 기준인지 들어보고 물어봐야 한다. 이런 과정만으로도 모두가 만족스러운 선택에 가까워 질 수 있다.

　육아는 혼자 선택하고 결정할 수 없다. 만약, 할 수 있어도 그렇게 해서는 안 된다. 엄마 혹은 아빠가 혼자 결정하고 선택해야 하는 상황이 바로 독박 육아이기 때문이다.

　육아에선 부부의 대화가 중요하다. 어쩌면 육아는 혼자하는 게 아니라 함께 하도록 만들어졌는지도 모른다. 그래야 지속 가능한 육아로 나갈 수 있기 때문이다.

## 피곤하니깐 어린이집 보내요. ──────────
────────── 그런데 그게 다가 아니었어요.

### 롤러코스터를 타야 끝나는 등원 길

늦었어! 어서 바지 입자! 오늘도 비슷한 시간에 비슷한 말로 시작되는 실랑이는 몇 번을 해도 힘에 부친다. 등원 길은 아빠의 감정 폭발 위기를 필요하고 충분한 조건으로 삼는 건지 꼭 몇 번의 고비를 넘기고서야 집을 나설 수 있다.

하지만 어린이집에 도착하면 상황이 달라진다. 조금 전 액션 장면이 눈물 없이 볼 수 없는 이별 장면으로 바뀌기 때문이다.

아빠가 사랑하는 거 알지? 사랑해! 조금 이따가 봐! 몸이 부서

지라 안아주고 아이 손을 선생님께 넘기면 사자 같던 아이는 순한 양이 되어 안으로 들어간다.

섭섭해하는 걸 아는지 모르는지 절대 돌아보는 법이 없다. 아마도 어린이집을 키즈 카페쯤으로 여기는 게 분명하다. 매일 이런 감정의 롤러코스터를 한 바퀴 돌아야 허난 했던 등원 길이 마무리된다.

아이는 육아휴직과 동시에 어린이집에 다니기 시작했다. 아내에게 어린이집 이야기를 들었을 땐 솔직히 씨익 지어지는 미소를 감출 수 없었다.

이 얼마나 좋은가? 아이만 어린이집에 보내면 온전히 내 시간을 누릴 수 있다는 생각에 신이 났다. 하지만 현실 육아를 전혀 몰랐던 아빠의 기대는 휴직 하루 만에 사그라들었다.

단순히 아이 자체만 생각했던 육아란, 아이를 둘러싸고 있는 모든 부분을 포함하는 일이었다. 아이가 어린이집에 갔다고 육아가 멈추거나 1회 끝내고 잠시 후 2회가 시작되는 육아가 아니었다.

그건 심적으로도 그랬다. 마치 일하는 병원 마냥 365일 24시간을 멈추지 않는 것이 육아였다. 그래도 일할 땐 교대라도 해줬는데 나의 육아 교대자는 저녁 늦게 퇴근하는 아내뿐이란 사실이 심적 부담을 갖게 했다.

## 아이가 없는 시간엔 기획 노동을 한다.

　지금 육아가 힘들게 느껴지는 이유는 온전히 혼자 감내해야 하는 육아의 강도가 반이고 나머진 책임감이란 무게로 가늠된다. 무엇보다 혼자라는 느낌과 지속 가능한 상황을 만들어야 한다는 생각이 불안과 조바심을 들게 했다.

　아이가 어린이집에 있는 시간엔 아이 말고 육아의 다른 부분을 챙기고 처리할 게 많다. 빨래며 청소 등 집안일은 물론이고 장을 봐서 저녁 식사도 준비해야 한다.

　아이에게 필요한 물건을 고르고 사는 일도 은근히 시간을 들여야 하는 일 중 하나다. 그런데 이런 노동은 가사 노동이라 하지 않고 기획 노동 부른다.

　부부 중 누군가는 기저귀가 떨어졌는지 분유가 얼마나 있는지 체크해서 적당량을 생각해 구매 계획을 세워야 하는데 이런 기획 노동은 아이가 집에 없을 때야 가능한 일이다. 하지만 기획 노동은 가사 노동 시간에 포함되지 않는다. 그 이유는 모르겠지만, 왠지 근무시간 외 근무를 하는 기분이다.

　그래서 때로 내가 육아휴직을 한 건지 전업주부가 된 건지 약간 모호해져 휴직을 괜히 했나 싶을 때도 있다. 하지만 육아는 이해하는 게 아니라 받아들이는 것이다.

## 어린이집은 아빠의 육아 동지다.

아이가 어린이집에 있으면 솔직히 좋다. 육아보다 집안일 하는 게 더 쉽고 개인 시간도 확보할 수 있기 때문이다.

어린이집은 일상에서 만나는 오래 앉아 있고 싶은 카페와 같다. 하지만 이런 여유가 어린이집이 주는 진짜 의미는 아니다. 어린이집이 주는 진짜 위안은 나 혼자 육아하는 게 아니라는 사실을 알려준 것에 있다.

육아가 유독 힘들게 느껴지는 날이면 혼자라는 생각에 우울한 생각을 하기도 한다. 이때는 마치 나와 아이 둘뿐이고 세상과 단절된 느낌이다. 육아 초기엔 이런 느낌이 생소해서 그저 몸이 힘든 것으로 생각했다. 그런데 몸이 아니라 마음이 아픈 상태였다.

그런데 매일 아침 아이 손을 건네받는 어린이집은 나 혼자 육아하는 게 아니라 누군가가 함께 해 주고 있다는 걸 새삼 알게 했다. 거기다 직접 육아에 동참하며 내게 잘 다녀오라며 격려까지 해 주는 어린이집은 누가 뭐래도 나의 육아 동지인 게 분명했다.

따지고 보면 우린 혼자 육아할 수 없다. 알게 모르게 많은 사람이 내 육아를 돕고 있기 때문이다. 한 아이를 키우려면 온 마을이 필요하다는 아프리카 속담은 곱씹어 볼수록 맞는 말이다. 당장 옆집이나 아랫집만 보더라도 층간, 측간 소음을 참고 있다.

엘리베이터에서 만난 아랫집 부부는 더 많이 뛰어도 된다며 따뜻한 말을 건넨다. 아랫집과 옆집과 하다못해 엘리베이터 문을 잡아주는 사람이 이런저런 모양으로 내 육아를 돕고 있다. 무인도에 살고 있지 않은 이상 우린 혼자 육아할 수 없다.

## 100% 믿는다는 것은 계속 기회를 주는 것

그런데 따지고 보면 어린이집 선생님은 아이의 핏줄이거나 오랫동안 알고 지낸 사이가 아니다. 선생님은 근로 계약을 바탕으로 주어진 업무에 충실한 사람일 뿐, 내가 생각하는 의미보다 그 농도가 한 참이나 덜 한 사람인 게 사실이다.

그래서 아이에게 무슨 일이라도 생기는 날엔 이런 냉소적인 생각이 더 강하게 든다. 사람의 간사함이 바로 이런 게 아닌가 싶다. 그 감사 했던 마음이 빨리도 원망스러워지기 때문이다.

그날도 평소와 다름없이 하원 시간에 도착해 벨을 누르자 선생님이 문을 열며 나왔다. 그런데 늘 밝던 표정이 아니었다.

아버님, 어쩌죠? 지오가 좀 다쳤어요. 네? 많이요? 아이 이마 중앙에 길고 선명한 멍 자국이 보였다. 그때부터 상황을 설명하는 선생님의 말소리가 음소거 되고 급히 아이 구석구석을 살피기 시작했다. 걷고 뛰는 게 완벽하지 않다 보니 하필 가구 모서리 쪽으로 넘어진 모양이었다.

급하게 아이를 안고 나와 다니는 소아과로 차를 몰았다. 의사는 크게 다치진 않았고 그래도 응급처치를 잘한 것 같다며 처방전을 작성해 줬다. 다행히 모서리가 뭉뚝해서 찢어지지 않은 게 천만다행이었다. 하지만 멍과 붓기는 꽤 오래 갈 게 분명했다.

집에 도착해 상처를 살피자 나보다 더 놀랄 아내 생각에 걱정이 앞섰다. 퇴근한 아내에게 자초지종을 설명했더니 이만한 게 다행이라며 아이를 안고 울먹였다.

재우려고 눕힌 아이가 조금 칭얼거리더니 잠들고 감은 눈 뒤로 오늘 일이 주마등처럼 지나갔다. 어린이집에 들어가 아이를 안고 병원으로 달리던 모습이 아직도 생생했다.

그런데 그 장면의 중심엔 아이도 나도 그렇다고 아내도 없었다. 대신 어쩔 줄 몰라 헤매는 어린이집 선생님이 있었다. 그때야 아이의 담임 선생님 생각이 났다.

지금 어린이집 선생님이 우리에겐 특별했다. 이런 선생님을 만난 게 행운인 것 같았다. 나처럼 의심 많고 까칠한 사람 눈에도 아이에게 진심으로 대하는 게 느껴졌다.

그런데 오늘 사고로 얼마나 미안하고 당황했을까? 갑자기 내일 어떤 얼굴로 봐야 하나 싶었다. 그렇게 방을 나와 책상에 앉았다.

그리고 작은 메모지에 편지를 썼다.

　선생님, 어제 많이 놀라셨죠? 저도 경황이 없어서 아이만 안고 그냥 나와버렸어요. 병원에선 아이 상처도 깊지 않고 괜찮다고 해요. 며칠 약 바르면 이마 상처도 아물 것 같습니다. 저희는 선생님을 100% 신뢰하고 있어요. 어린이집 적응부터 지금까지 잘 케어해 주시고 진심으로 대해 주셔서 감사한 마음입니다. 계속 잘 부탁드립니다. 지오 아빠 드림.

　다음 날 아침 아이를 맡기며 가방 안에 편지 있어요! 하자 선생님은 당황한 눈빛으로 아이 손을 잡고 안으로 들어갔다.
　점심때쯤, 아내에게 전화가 왔다. 선생님은 편지 이야기에 올 것이 왔구나 싶었다고 한다. 그렇게 화장실로 가 편지를 읽다가 혼자 우셨다고 한다. 아마도 그 눈물엔 다행감과 고마움 같은 게 섞여 있지 않았을까?
　한 사람을 100% 신뢰한다는 것. 요즘 같아선 낯설기 그지없는 말이다. 믿는다고 말하는 사람도 그 말을 듣는 당사자도 기우뚱하게 만드는 이 생소함을 이해한다.
　하지만 어린이집 선생님을 믿지 않고 어떻게 생명 같은 아이를 맡길 수 있을까? 사고가 있었지만, 우린 지금도 선생님을 신뢰하고 있다. 오히려 이런 신뢰를 받아 준 선생님이 고맙다.

그 후로 어린이집 선생님은 우리의 든든한 육아 조력자가 되었다. 함께 육아를 책임지고 있으며 가족에게 좋은 영향력을 주고 있다.

아빠에게 어린이집은 쉬려고만 보내는 곳이 아니다. 아이가 어린이집에 있는 동안 기획 노동과 심리적 지지를 받는 곳이기 때문이다.

세상이 유지되고 발전하려면 각자가 맡은 일에 진심이어야 한다고 생각한다. 선생님은 아이를 돌보는데 진심이고, 부모는 그동안 일에 진심이다. 서로가 유지되고 성장할 수 있도록 서로를 돕고 있는 것이다.

## 아빠 쉬는 날 어린이집 보내는 게 왜요?

뉴스엔 쉬는 날 어린이집에 아이를 보낸 엄마 이야기로 시끄러웠다. 쉬는 날인데 가정보육 하지 않고 굳이 선생님도 출근시켜야 했냐? 육아가 그렇게 하기 싫냐? 며 등원시킨 이유를 묻는 댓글이 넘쳐났다. 이에 엄마는 집보다 어린이집에서 밥을 잘 먹어서요. 라며 이유를 설명했다.

이 말에 달린 댓글은 예상대로다. 맘충을 시작으로 온갖 비난이 이어졌다. 하지만 나의 반응을 묻는다면 그럴 수도 있지! 답하고 싶다.

아빠가 되기 전에 나라면 이 비난에 좋아요! 를 누르고 더 심한 혐오성 댓글을 달았을지도 모른다. 하지만 지금은 아이가 잘 먹는다는데 뭐 그럴 수도 있지! 싶기만 하다. 아이에게 밥이 얼마나 중요한지 또, 밥 먹이는 게 얼마나 어려운 일인지 알기 때문이다. 또, 보내면 안 되는 걸 법까지 어겨가며 보낸 것도 아니고 말이다.

설령, 밥은 핑계고 육아에서 잠시 남아 벗어나고자 했어도 또 어떤가 싶다. 댓글의 욕과 아이 등원은 충분히 괜찮은 거래가 아닌가 싶었기 때문이다. 엄마의 마음이나 체력이 완전히 무너져 내리는 것보다 욕 좀 먹는 게 나은 선택일 수도 있다.

굳이 출근해야 하는 선생님을 생각하면 본인 생각만 하는 엄마지만, 제도가 있었기에 가능한 등원이기도 하다. 그런데 조금만 자기 권리가 무시당하고 작은 불이익에도 발끈하는 요즘 세대라면 아이의 등원은 욕먹을 게 아니라 오히려 자기 혜택 잘 챙긴 스마트한 맘이라 칭찬받아야 할지도 모를 일이다.

하지만 과연 등원시키는 게 맞았을까? 아니면 가정보육이 옳은 일이었을까? 이 고민에 한가지 기준을 적용한다면 누군가 살아날 선택이라면 그 선택해야 한다는 것이다. 아이는 먹고, 엄마는 살고, 선생님은 수당이 필요한 상황이었다면 좋았겠지만 말이다.

아이와 관련된 선택과 결정엔 이유와 근거가 있어야 한다. 도덕적으로 문제가 없으며 가치에 의한 선택이라면 그건 둘째 문제다. 부모는 아이가 먼저다.

# 육아휴직 하시게요? ──────────────
────────────── 이렇게 하시죠!

## 개념 챙긴 육아휴직

일과 육아 중 하나만 고르라면 당연히 일이다. 더 쉽기 때문이다. 하지만 나와 아내는 번갈아 가며 육아휴직을 했다. 일이 더 쉽다는 이유보다 육아의 의미와 가치에 따른 결정이었다. 우리는 순전히 아이 때문에 그런 선택을 한 것이다.

누군가 육아휴직을 선택했다면 어떤 이유가 있을 것이다. 그런데 가정 경제, 개인 생활, 가용자원(조부모의 도움, 어린이집 등)을 생각한다면 그 선택은 잘못돼도 한참은 잘못된 선택일지도 모른다. 아무리 생각해도 이성적이거나 합리적이지 않기 때문이다.

그런데도 육아휴직을 한 이유는 아이 때문이며 아이를 선택의 기준에 포함 시켰기 때문이다. 육아휴직이 비합리적이란 평가는 아이가 빠져 있는 평가다. 아빠가 되고 보니 그 이성적이고 합리적인 이유도 아이 앞에선 무용지물일 경우가 많았다. 부모에게 어떤 평가가 합리적이려면 아이가 평가 기준에 포함돼야 한다. 그래야 말이 되기 시작한다.

육아휴직은 아이를 사랑하기에 부모의 시간과 자원과 생활을 육아에 투자하기로 한 결정이다. 개인적으로는 금보다 귀한 시간을 육아에 쓰기로 한 것이라 할 수 있다. 그래서 육아휴직을 달리 말하면 절대적 가치로 선택된 개인적으론 가혹한 결정이다.

하지만 육아휴직을 개인적인 선택으로만 봐서는 안 된다. 육아휴직엔 공적인 측면도 있기 때문이다. 육아휴직은 객관적으로 설명이 가능한 사회 제도다.

이를테면 남녀고용평등과 일 가정 양립지원에 관한 법률 제19조는 사장님을 향해 이렇게 말한다. 사장님! 직원의 육아휴직 허용과 그 기간의 임금 지급 그리고 휴직 후 복귀시켜야 한다는 건 알고 계시죠? 이렇게 육아휴직은 개인적 이유와 공적인 제도를 통해 선택되고 허가된 기간이다.

육아휴직은 법으로 보장된 기간이다. 개인이 원하면 할 수 있어야 한다. 하지만 복잡한 이해관계로 인해 단순한 선택이 어렵다. 그래서 많은 고비를 넘어야겠지만, 육아휴직을 강제하는 법이 있다면 한 표 던지고 싶다. 육아휴직이 필요 없는 이유보다 필요한 사람의 이유와 의미가 더 큰 세상이길 원하기 때문이다.

## 육아휴직을 시작하는 그대에게

육아휴직을 시작하는 아빠라면 홀로 하는 육아에 적응했으면 좋겠다. 놀 수 있겠다는 생각도 미리 접어둬야 한다. 그럴 수 없을 뿐더러 육아로 놀 수 있어야 진짜 육아휴직 한 아빠라 할 수 있기 때문이다.

실제로 어떤 것을 경험하지 않고선 그것을 안다고 할 수 없다. 육아가 그렇다. 육아는 경험으로만 알 수 있는 시스템이다. 말보다 직접 할 때 육아의 두려움에서 벗어날 수 있다. 몸으로 하는 육아만이 진정한 육아라 할 수 있는 것이다.

아빠는 강 건너 불구경했던 모든 태도를 버려야 한다. 그래야 홀로 육아할 수 있다. 아이와 살을 맞대고 직접 연결됐을 때만 육아는 작동한다. 몸으로 해야 아이의 필요를 채울 수 있고 아이에게 필요한 아빠가 될 수 있다.

## 아빠 육아의 비전

스웨덴은 1974년 세계 최초로 부모 공동 육아휴직 제도를 도입했다. 대체 어떻게 이런 정책을 만들고 적용한 걸까? 난 그들에게 육아휴직의 비전이 있었다고 생각한다.

이 육아의 비전이 정부의 적극적인 지원을 가능케 하고 부모가 호응하면서 문화로까지 발전할 수 있었다. 그리고 그 문화적 산물이 라떼파파였다. 한 손엔 커피, 다른 한 손엔 유모차를 잡은 아빠는 더 적극적으로 육아에 나서는 모습을 상징한다.

그런데 이 라떼파파 때문에 나 같은 한국 남편과 아빠는 괴롭다. 한국 아빠의 상황은 무시된 채 유행처럼 라떼파파 광풍이 불었기 때문이다. 난 라떼도 싫어하고 유모차엔 컵홀더까지 있는데 굳이 뜨거운 걸 들고 뛰어야 하나 싶다.

아마도 한국형 라떼파파가 정착하려면 생각보다 많은 시간이 걸릴지도 모른다. 하지만 정부의 적극적인 재정지원과 구체적인 정책 제시가 있다면 가능하다고 생각한다.

거기다 아빠들의 태도가 변한다면 좀 더 빨리 라떼파파가 정착될 수 있을 것이다. 주도적으로 육아하는 아빠가 늘고 문화가 정착되면 그 이름이 식혜든 오미자든 한국형 라떼파파도 가능하리라 생각한다.

아빠는 육아휴직에 비전이 있어야 한다. 육아휴직은 사실 아빠가 지속 가능한 육아를 하게 하는 기회의 시간이다. 이 기간을 통해 육아하는 태도가 변하고 현실 육아를 경험하면서 지속 가능한 육아의 첫발을 내딛는 것이다.

무엇보다 육아휴직 기간은 온전히 아이와 함께 하는 시간이다. 아빠와 아이에게 평생 기억에 남을 추억을 만들 기회가 바로 육아휴직 기간이다.

# 육아휴직이 아름다워지는 10가지 방법

**모든 기쁨은 목표를 향해 가는 과정에서 생긴다.**

아빠에겐 육아휴직에 대한 계획이 있어야 한다. 온전히 육아할 수 있는 시간이 확보된 만큼 어떻게 육아할 것인지 구체적인 계획이 필요하다.

아무것도 하지 않으면 아무 일도 일어나지 않는 게 아니라 퇴보하고 뒤로 간다. 흰 벽을 유지하려면 아무도 못 만지게 할 것이 아니라 흰 페인트로 덧칠해야 유지할 수 있다.

육아하려면 시간 관리, 자원분배, 효율적인 운영에 대한 고민이 필요하다. 지극히 정성을 다할 때 아빠와 육아가 성장하고 성숙할 수 있기 때문이다.

인생에선 삼미를 챙겨야 하는데 재미와 흥미와 의미가 그것이다. 육아휴직에서도 재미가 있어야 하고 흥미를 느껴야 하며 의미를 찾아야 한다. 육아를 왜 하는지 원론적인 질문을 계속 던져볼 필요가 있다는 뜻이다.

육아휴직은 재밌어야 한다. 재미는 기쁨을 의미한다. 육아는 과정이다. 결과가 아니라 과정을 즐기면 육아 전체가 기쁨으로 다가온다.

모든 기쁨은 목표를 향해 가는 과정에서 생긴다고 한다. 어떤 가수는 연말에 받은 상보다 작업 과정에서 느끼는 기쁨이 더 크다며 상은 받아도 안 받아도 그렇게 큰 의미가 없다고 말했다. 또, 연말 시상식에 선 한 배우도 상을 받아 기쁘지만, 스텝들과 함께한 시간이 정말 기뻤다며 소감을 전했다.

육아는 과정이고 아빠는 이 과정을 거치는 동안 기쁨을 발견하고 누려야 한다. 결과에서 만날 기쁨이 아니라 지금 그 기쁨과 함께 하는 아빠가 현명한 사람이라 할 수 있다.

육아휴직에서도 흥미를 발견할 수 있다. 흥미는 설렘을 의미한다. 한 육아 맘은 아이는 평생 설렘이라며 아이를 볼 때마다 그렇다고 말했다. 아이는 부모에게 항상 설렘으로 다가오는 존재다.

육아는 아빠가 아는 것보다 흥미진진한 내용이 많다. 하지만 이런 설렘도 관심이 없으면 느낄 수 없다. 육아휴직을 제대로 하면 삶에 생동감이 돈다. 아니던데요! 죽겠던데요! 정말 그런 육아휴직이 있을까요? 싶다면 육아휴직을 아름답게 만들어 줄 10가지 방법을 소개하고 싶다. 이것만 실천해도 육아휴직이 달라지기 시작하리라 확신한다.

## 육아휴직 동안 독서광 되기

요즘엔 책 육아를 많이 하는 것 같다. 어릴 때부터 책을 중심으로 한다는 육아가 언 듯 이해되지 않지만, 아이의 판단력과 감수성 향상, 어휘나 표현력을 길러 주는 이점이 있다고 한다. 그런데 책 육아의 최종 목표가 있다면 아마도 아이가 책 읽는 습관을 갖는 것으로 생각한다.

책 육아를 통해 책 읽은 습관을 지니게 하려면 아빠가 먼저 독서광이 돼야 한다. 그럼 책 육아가 아니더라도 책 육아가 되는 것이다.

부모의 책 읽는 모습만큼 아이의 독서습관에 영향을 주는 것도 없다. 더구나 책은 아빠에게도 위로가 된다. 바쁘게 돌아가는 육아의 삶이지만 틈틈이 읽어내려가는 책 읽기가 육아의 의미를 더

해주기 때문이다. 육아휴직은 책 읽기에 좋은 기간이다. 시간이 많아서가 아니라 책 읽기가 간절해지기 때문이다.

## 체계성이 필요한 육아휴직

뭔가에 성공하려면 열심히만 하면 안 된다. 성공엔 4가지 요소가 있는데 근면은 그중 한 가지 요소일 뿐이다. 100억 부자라는 사람은 자신의 성공 요소로 근면성, 체계성, 완벽주의, 현명함을 꼽았는데 이중 체계성이 자신을 변화시키는 데 가장 많은 도움을 줬다고 한다.

그 체계성이란 이를테면 아침에 일어나 오늘 있을 가장 중요한 3가지를 적어보는 것이다. 이것만 실천해도 인생이 달라지는데 먼저 자신이 얼마나 대충 살았는지 알게 된다고 한다.

육아휴직 동안 아침에 일어나 3가지를 적거나 핸드폰으로 기록했는데 이 말의 의미를 바로 알 수 있었다. 육아휴직에 성공하려면 체계성이 필요하다. 일단 적어보는 것을 추천한다.

## 아내와 대화 시간 늘리기

육아휴직 중인 아빠는 아내와 숨 쉬듯 소통해야 한다. 소통의 크기만큼 육아의 고됨이 줄어들기 때문이다.

아빠는 수다쟁이일 필요가 있다. 오랜만에 만난 사람 보다 매일 만나는 친구와 할 말이 더 많은 이유는 공유된 에피소드가 빌드업되고 업데이트되기 때문이다.

아내가 퇴근하면 미주알고주알 육아 브리핑을 시작한다. 듣기 싫어하지만 그래도 한다. 사실 사장님은 비서의 브리핑을 안 듣는 것 같지만, 사실은 골라 듣는 중이다. 아내도 그렇다.

아빠의 유일한 지원군은 오직 아내뿐 이다. 아내와 더 많이 더 자주 대화할수록 육아는 수월해진다. 그런 환경과 상황을 아빠가 만들어야 한다.

## 먹는 게 가장 중요한 일이란 걸 인정하기

육아에서 가장 중요한 것 중 하나는 먹이는 일이다. 사실 이 부분이 큰 부담으로 다가왔다. 하지만 아이에겐 먹는 일 만큼 중요한 것도 없다. 그런데 아빠는 엄마보다 이 부분을 하찮게 여긴다.

엄마가 아빠보다 먹이는 것에 최선을 다하는 이유는 뭘까? 그건 아빠보다 더 자주 먹여 봤기 때문이다. 그래서 아이가 잘 먹지 않았을 때의 몸무게 변화, 그날의 컨디션, 변의 형태까지 엄마는 알 수 있었다. 잘 먹었을 때와 아닐 때가 너무 달라서 먹이지 않고는 못 견디는 것이다.

한 입이라도 더 먹이려는 엄마의 마음을 아빠도 알아야 한다. 절실함을 가진 사람은 먹이게 되어있다.

## 기념일 챙기기

인생이 행복하려면 마디가 있는 생활을 해야 한다. 이를테면 기념일이 그렇다. 기념일을 챙기면 기다리고 기대하게 된다.

사람은 그 순간을 간직하고 싶어 기념일을 만들고 기억한다. 기념일은 우리의 일상이 그저 의미 없이 반복되는 것이 아니라 기억할만하며 추억으로 간직하겠다는 의미다.

실제로 육아가 힘들 때 다가올 기념일을 기다리면 견디기가 조금 수월하기도 했다. 기다림은 희망이 있다고 말하는 확성기다. 오늘을 살아내야 그날이 온다는 희망을 말하는 것이다.

## 디테일링 청소하기

원래도 청소를 잘했지만, 육아휴직 후 청소의 맛을 더 알아 버린 것 같다. 한 육아 맘은 아이 재우고 나왔는데 퇴근한 남편이 집 안을 깔끔하게 청소해 둔 걸 보면서 소소한 기쁨을 느낀다고 한다.

퇴근했는데 현관부터 신발이 뒹굴고 장난감 천국 같은 거실이면 짜증이 밀려오는 게 당연하다. 소소한 기쁨처럼 아내의 분노도 아주 작은 것에서 시작함을 아빠는 알아야 한다.

아빠는 차만 닦을 게 아니라 집도 디테일링하게 청소해야 한다. 무엇보다 그 바닥은 아이가 기어 다니는 곳이다.

## 육아용품에 신경 쓰기

아이 손에서 레고 장난감이 떨어지자 블록들이 사방으로 흩어졌다. 예전 같으면 창피해서 대충 줍고 그 자리를 떠났을 텐데 요즘은 돈 흘린 것처럼 구석구석을 찾아 헤맨다. 물론, 장난감이 아깝기도 하지만 아이의 최애템이 사라지면 곧 울음바다가 되기 때문에 어떻게든 찾아야 한다.

육아하기 전엔 육아용품과 장난감을 나 몰라라 했다. 내 눈엔 다 비슷해 보이고 정말 저런 게 다 필요할까 싶었기 때문이다.

하지만 그 불필요해 보이는 물건이 아이에겐 중요하고 필수품인 걸 알게 됐다. 아빠도 육아용품을 사고 써봐야 그 필요를 알 수 있다.

## 아이에게 손편지 쓰기

아이가 오랫동안 간직할 수 있고 의미 있는 뭔가를 남겨 주고 싶어 편지를 쓰기로 했다. 이를테면 속상할 때 보는 편지, 아빠가 미울 때 읽는 편지, 아무도 내 마음을 몰라 줄 때 읽는 편지다.

지금 보니 그 편지엔 아이에게 전해 주고 싶은 가치가 담겨 있다. 아빠는 아이에게 가치 유산을 남겨 줄 의무가 있다. 아빠의 생각과 신념을 적어 아이에게 전해 주면 언젠가 그 편지를 읽고 아이는 알게 될 것이다. 아빠가 자기를 얼마나 사랑했는지.

## 아이와 함께 고생할 것 연구하기

함께하는 기쁨도 중요하지만, 함께 고생하는 것도 꼭 필요하다. 어떤 부부는 두 아이를 입양하면서 여행을 다니기 시작했는데 일부러 힘든 곳, 불편한 곳만 찾아다녔다. 그 이유를 묻자 가족이 함께 고생한 기억이야말로 가장 오래가는 추억이라며 아빠는 답했다.

사실 어린 시절 가장 기억에 남는 것도 가족과 고생했던 경험이다. 여름에 계곡을 찾았다가 새벽에 비가 와서 급하게 텐트를 접고 철수했던 기억이 아직도 생생하다. 아이와 함께 뭔가를 극복한 일만큼 좋은 추억도 없다. 아빠는 아이에게 건강한 고생을 선물해야 한다.

## 복직 준비하기

아빠는 휴직과 동시에 복직 준비를 해야 한다. 휴직이 끝난 후 아이를 맡길 어린이집이나 조부모의 도움을 미리 정해둬야 복직도 육아도 차질 없이 진행될 수 있기 때문이다.

복직 준비엔 겉과 속이 있다. 방금 말한 것이 겉이라면 아빠는 속도 준비해야 한다.

육아휴직하고 났더니 더 성숙해진 모습과 단단해진 모습이라면 좋겠다. 힘든 일이 주는 유익은 사람을 단단하게 만든다는 것이다. 육아는 아이를 키우고 부모도 성장하는 과정이다.

부모는 육아를 통해 인내를 배우고 책임지는 법을 알게 되며 사랑하는 방법을 몸으로 익힌다. 복직 후 이전보다 성숙한 자신을 상상해보는 것. 이것이 복직을 준비하는 자세다.

# 아토피라고요?
## 보습과 시간의 싸움 : 아토피 전쟁

## 아토피가 암처럼 느껴질 때

감기로 소아과를 찾은 우리에게 의사는 뜻밖의 말을 전했다. 목이 좀 부어 있네요. 약 먹으면 괜찮을 거예요. 그런데 아토피가 좀 있네요! 네, 아토피요?

건강검진 왔다가 무슨 침묵의 장기에 한 방 맞은 것처럼 말문이 막혔다. 그도 그럴 것이 매일 만져보는 피부에다 심지어 명색이 우린 의료인 아닌가? 그런데도 아토피도 몰랐다니 인정이 안 됐다.

에이, 자기도 나도 아토피 없잖아! 괜찮아 보이지 않았어? 당황한 걸 증명이라도 하듯 급조된 원인파악과 궁색한 변명이 늘어졌다. 그저 분홍빛 볼이 귀여워 죽는 아빠에게 아토피는 생전 처음 듣는 단어처럼 낯설었다.

2020년 통계에 따르면 중고등학생 약 5만 명 중 1/4이 아토피라고 한다. 하긴 주위만 봐도 아토피를 가진 사람이 꽤 있는 것 같다. 하지만 통계가 어떻든 또, 그 뜻이 아토피가 흔한 질환인 걸 보여준대도 위로가 되진 않았다.

할 수만 있다면 그 통계에서 어떻게든 아이를 빼내고 싶은 게 솔직한 심정이었다. 아토피가 흔하디흔한 피부질환일 망정 내 기억엔 그 괴로움은 흔하다고 할 수 없었다.

## 후임이 자기 얼굴을 때린 이유

군인 시절, 생활하던 내무실은 밤이 되면 조금 살벌해지는 곳이었다. 삶의 1순위가 잠이라던 선임병은 소음을 극혐하는 그런 사람이었다.

잠귀가 얼마나 밝은지 TV뿐 아니라 사람도 음소거 시키는 불같은 성격의 소유자였다. 누가 코라도 골면 당장 방독면이 내무실 이곳저곳으로 날아다녔다. 쓰고 자라는 것이다.

이런 내무실에 후임이 들어왔다. 자기소개가 끝나자 소등하겠다는 말과 함께 모두 잠이 들었다. 그런데 무슨 일인지 옆에서 자던 후임이 자기 뺨을 두드리기 시작했다. 순간, 야! 그만 좀 해! 잠좀 자자! 어김없이 선임의 불호령이 떨어졌다.

알고 보니 후임에겐 아토피가 있었다. 그것도 극심한 가려움을 느끼는 아토피였다. 그제야 가져온 더블백 속 목초액이며 각종 로션이 가득했던 이유를 알았다.

하지만 내무실 누구도 아토피가 밤에 더 가렵고 자기 뺨을 때릴 정도의 고통을 주는 피부질환인지 몰랐다. 그저 우리의 밤이 평탄치 못할 것이란 사실은 확실했다.

뺨을 두드리는 후임의 모습은 꽤 숙련돼 보였다. 아마도 오랜 시간 아토피를 겪으며 터득한 나름의 방법 같았다. 하지만 그런 극약처방에도 후임의 베갯잇은 늘 핏방울로 얼룩졌다.

바로 옆에서 본 아토피의 가려움은 흔히 볼 수 있는 그런 불편함 정도가 아니었다. 이런 아토피를 내 아이가 겪는다고? 안돼! 소리가 저절로 나오는 게 이상할 일도 아니었다.

## 고통을 받아들이는 순서

사람이 큰 병이나 극적인 상황에 놓이게 되면 어떤 감정적 단계를 거치며 받아들인다. 이 단계를 퀴블러 로스는 부정-분노-타협-우울-수용이란 5단계로 설명했다. 아마도 아이의 아토피 선고를 듣고 보인 반응이 첫 단계 부정일 것이다.

이 단계를 시작으로 이게 다 환경 오염 탓이라며 분노가 일고 아무것도 해 줄 수 없다는 사실에 우울하기도 했다. 하지만 그래, 아빠라는 사람이 뭐라도 해야지! 라며 수용의 단계를 거쳤다.

아토피는 보습이 중요했다. 보습 전쟁이라 할 만큼 보습으로 시작해 보습으로 끝나는 과정이 아토피라 할 수 있었다. 당장 방 습도를 60%로 맞추고 전용 로션 준비를 주문했다. 그리고 평소보다 물도 많이 마시게 했다.

로션을 대충 바른 날이면 아이 몸 곳곳에서 각질이 보였다. 등, 팔꿈치, 엉덩이엔 닭살 군락도 나타났다. 이런데도 그저 로션을 발라 주는 게 내가 할 수 있는 전부였다.

이렇다 보니 아토피 로션에 집착이 생겼다. 검색창에 아토피를 넣자 관련 광고와 제품이 쏟아졌다. 하지만 어떤 제품이 좋을지 몰라 선택 장애가 오더니 사악한 가격에 놀라움을 감출 수가 없었다.

몇 번의 구매 실패를 거쳐 보습 끝판왕에 도착했다. 하지만 이것도 바르면 그때뿐 사실 효과는 그저 그랬다. 결국, 아토피 전문 병원을 찾게 됐다.

## 인생 문제 대부분도 시간이 약이다.

맘 카페를 뒤지고 주변 지인에게 물어물어 찾은 병원은 아토피 성지 같았다. 병원 리뷰엔 의사 선생님이 보더니 이제까지 뭐 했냐며 혼내더라고요! 저도 아이 데리고 가면 혼날 것 같아요! 선생님은 딱 보면 알더라는 글들이 가득했다.

그래! 이 병원이야! 리뷰를 보자 이상하게 마음이 급해지고 설렜다. 왠지 이 의사를 만나면 정말 아토피가 사라질 것 같은 확신마저 생겼다.

결과부터 말하면 아이 피부가 드라마틱하게 좋아진 건 아니었다. 다만, 이런 피부는 시간이 지나면서 괜찮아지고 여드름도 안 나는 피부니까 1년 정도 기다려보자는 조언을 처방처럼 받았다. 시간과 환경이 아토피엔 중요하다는 말이었다.

괜한 설렘으로 잠까지 설친 다음 날 성급히 차에 올랐다. 막히고 밀려 도착한 병원 대기실엔 대체 언제부터 온 건지 사람들로 가득했다.

요즘 같은 시대에 예약 앱도 안 되는 병원이 은근히 못마땅했었는데 팬 미팅 같은 현장을 보자 금세 불만이 기대로 바뀌었다.

더딘 시간이 흐르고 아이의 인내심도 바닥났을 때쯤 드디어 우리에게도 아토피 구세주를 만날 시간이 찾아왔다.

간호사가 이름을 부르고 진료실 문이 열렸다. 그런데 예상과 달리 부드러운 인상의 의사가 반갑게 인사를 건넸다. 오래 기다리셨죠! 잘해드릴게! 뭘 잘해준다는 건지 모르겠지만, 이렇게 안심시켜 놓고 혼내는 건가? 속으론 딴생각이 가득했다.

멀뚱멀뚱 서 있는 날 보며 아, 아빠 앉아요! 하는 말에 흠칫 놀라 아내 옆에 살포시 앉았다. 아이를 스캔하듯 머리부터 발끝까지 검진을 끝낸 의사가 드디어 말문을 열었다.

아토피네! 일단, 이 설명서 받아 봐요! 세상에서 제일 순한 연고 처방해 줄 테니까 가서 바르고 목욕은 짧게! 오케이! 의외로 간단명료한 설명에 홀린 듯 손가락은 이미 OK를 그리고 있었다.

의사가 준 설명서엔 흔히 볼 수 있는 아토피 관리 지침이 적혀 있었다. 그런데 종이가 갱지였다. 흰색의 빳빳한 A4만 보다 웬 갱지를 들고 보니 앱도 안 되고 무진장 기다리고 치료도 그저 그런 게 괜히 왔나? 싶은 생각이 다시 고개를 들었다.

종합하면 아토피는 평소 관리가 중요했다. 통 목욕 금지, 보습 철저, 먹는 것에 주의하는 환경 관리가 거의 전부라 할 수 있었다. 그래도 병은 진단이 중요하다며 굳이 재진단받은 아토피를 위안 삼으며 진료실을 나왔다.

그날 저녁 발라본 연고는 그래도 효과가 있었다. 붉었던 양 볼

이 분홍색으로 변했고 닭살 군락도 사그라들었다. 의사 말대로 지금 아이에겐 시간이 필요한 것 같았다. 받아 온 갱지에 적힌 설명과 인터넷을 뒤져 아토피 관리를 위해 나름의 절차를 만들었다.

작심하고 산 아토피 로션을 준비하고 목욕은 미지근한 물로 최대한 짧게 시켰다. 건조 후 수딩젤을 두드려 바르고 다시 로션으로 넘어갔다. 마지막엔 오일도 발랐다.

그렇게 5분간 방치 후 기저귀와 잠옷을 입히는 것으로 아토피 관리를 마무리했다. 앞으로 이 과정을 얼마나 반복해야 할까? 싶다가 그냥 에스테틱한다고 생각하자며 아토피와 살기로 마음을 다잡았다.

## 육아는 부모로서 존재해 주는 것

아토피뿐 아니라 아이가 그 흔한 감기라도 걸려 기침에 콧물이라도 흐르면 스트레스와 위기감이 극에 다다르곤 한다.

매일 보는 중환의 아이와 부모를 생각하면 사실 아토피 정도는 별것도 아닌 게 분명하다. 하지만 병의 중증도를 떠나 아픈 아이를 바라보는 부모 마음은 아마도 같을 것이다.

일하다 만나는 어린 환자는 참 다양한 이유로 다치고 아파 병원에 온다. 미끄럼 타다가 팔이 부러져 오고 자석 구슬은 어떻게 왜 삼킨 건지 장 천공이 생겨 수술이 필요한 아이도 있었다. 소이증(귀를 형성하는 조직이 덜 발달 되어 초래되는 기형)과 밀폐 항문, 구순구개열 같은 선천적 기형으로 수술받는 경우도 생각보다 많다.

막 긴 수술을 마친 아이가 회복실로 오면 애타게 기다릴 부모 생각에 손이 빨라진다. 호출 후 한걸음에 달려온 부모는 아이 손을 잡고 심각한 표정으로 수고했어! 괜찮아? 묻곤 말을 잇지 못했다. 이럴 땐 눈치껏 아이 상태를 간단히 설명하고 더는 말을 건네지 않는다. 그렇게 내 할 일만 한다.

수술은 보통 일회성이 많지만, 일정한 시일을 두고 여러 차례 수술하는 케이스도 있다. 그럴 때면 부모와 자기 인생 대부분을 병원에서 보냈을 아이 생각에 조금 짠해지지만, 이내 속으로 삼켜버린다.

지금 아이에게 필요한 건 동정이나 공감이 아닌 적절한 간호이기 때문이다. 말보다 행동이 많은 의미를 담고 있다는 걸 이럴 때 경험하게 된다.

실습했던 병원에서 우리를 지도했던 선생님은 수술을 앞둔 아이의 질환과 수술 과정에 대해 상세히 설명해 주었다. 보통 부모는 눈에 보이는 증상에 굉장히 충격받곤 해요! 그런데 그런 증상은 현대의학으로 고칠 수 있어요. 오히려 문제는 내적인 것에 있어요!

선생님은 겉만 보고 놀라는 보호자를 배려하며 살살 밀어 넣는 언어를 강조했다. 실제로 병원에서 만나는 소아 환자 중엔 겉으론 건강해 보이는 아이들이 많다. 특히, 심장 수술이 필요한 환아는 겉보기엔 그저 건강한 아이여서 더 안타까워 보인다.

아내가 퇴근하고 심각한 표정이더니 보고 있던 전화기를 내밀었다. 보여준 사진 속엔 가슴에 수술 자국이 선명한 한 아이가 있었다.

아이는 선천성 심장 기형으로 벌써 큰 수술을 몇 차례 받은 것 같았다. 부모는 그 모든 과정을 SNS에 기록하고 있었는데 대충 봐도 의사만큼 아는 게 많아 보였다.

다행히 아이 상태가 호전됐는지 인공호흡기를 떼고 생활하는 소식을 전했다. 얼마 후엔 현실 육아가 이렇게 힘든 거냐며 올린 글을 보고 왜 힘든 데 행복하다고 하는지 알 것 같았다.

누군가에겐 힘들고 때론 도망이라도 치고 싶은 육아지만 아빠는 이런 수고와 고생을 간절히 기다린 게 분명했다. 이 아빠의 눈물겨운 사연을 보며 아이를 치료한 의료진에게 감사한 마음이 들었다.

그들에게 친절한 미소는 없었는지 모르지만, 묵묵한 진료와 간호, 병실을 청소하고 병원식을 가져다준 모든 수고가 아이를 살린 게 분명했다.

하지만 이 모든 게 부모의 존재 없이는 불가능한 일이었다. 의료진이라면 누구나 환자에게 최선을 다한다. 하지만 내가 이리 뛰고 저리 뛰어도 아이에게 부모의 존재는 대신할 수 없는 것이다.

아이에게 최고의 치료이자 선물이란 곁에서 부모로 존재하는 것이다. 아이에겐 옆에 있는 부모가 제일 중요하기 때문이다. 그저 곁에 있어 주는 것만으로도 아이가 위로받는 모습을 보면 정말 그렇다.

살면서 아픈 건 당연하고 나도 아이도 아플 것이다. 그런데 아이가 아플 때 나는 어떤 모습일까? 침착하게 아이의 증상을 확인하고 필요한 조치 후 병원에 갈 테지만, 무엇보다 곁에서 간절한 마음으로 있어 주는 게 할 수 있는 전부일지도 모른다. 아토피 로션밖에 발라주지 못해도 아이에겐 아빠의 존재가 가장 크다.

## 육아하는 당신은 소중한 사람이다.

아이의 뽀얀 볼은 보고만 있어도 사랑스럽다. 하지만 아토피로 붉고 피가 나도 부모의 사랑은 변하지 않는다. 부모가 아이를 사랑하는 데는 이유가 없다고 하지만, 그 이유를 찾아도 만 가지는 족히 넘는다. 이런 이유를 육아하면서 찾게 된다.

아이가 아빠 나 왜 사랑해? 물으면 아빠는 이유를 말해줘야 한다. 볼 빨간 너라서 사랑한다고 말해야 하고 웃는 너라서 좋다고 해야 한다.

하지만 그 무엇보다 너 자체가 좋고, 사랑한다고 말해줘야 한다. 그렇게 너를 사랑하는 수많은 이유를 평생토록 말해주고 싶은 게 부모 마음인 것 같다.

아토피 성지를 떠나며 카시트에 앉히자마자 아이는 잠들었다. 아이를 보며 아프지 말자는 약속은 지킬 수 없어도 아플 때 아빠가 꼭 옆에 있을게! 약속했다. 부모가 아이를 위해 할 수 있는 그 모든 것보다 그저 옆에 있어 주는 게 더 큰 의미고 치료가 될 수 있다.

아이에게 부모는 그런 존재다. 사실 부모에게도 아이는 그렇다. 그래서 당신과 아이는 서로에게 없어서는 안 될 존재인 것이다. 육아하는 당신이 소중한 이유다. 당신은 누가 뭐래도 소중한 아빠다.

# Part 4

# 육아로만 줄 수 있는
# 아빠의 유산

# 아빠의 유산은 아빠 자신이다.
## 가본 적도 없는데 스칸디나비아 성격인 아빠

### 인생 최고의 질문을 받은 최고의 날

첫째 아이는 요즘 궁금한 게 많다. 아빠, 이건 뭐야? 저건 왜 그래? 잠시도 질문을 멈추지 않는다. 그런 질문에 답하고 있으면 둘째도 오빠를 따라 자기 말 좀 들어보라며 날 재촉한다.

결국, 자기 질문에 먼저 답하라며 아우성을 치다가 누구 하나가 울어야 다툼이 끝난다. 어쩌면 아이들에겐 들어야 할 답보다 질문 자체가 더 중요한지도 모른다. 그래서 답이야 뭐가 됐든 자기 말을 관심 있게 들어줄 아빠가 아이들에겐 필요하다.

하지만 매번 이런 상황이다 보니 화를 내고 다시 후회하는 걸 반복한다. 들들이란 우리말이 지금 딱 내 상황이다. 아마도 들들에 볶다 까지 경험하는 게 육아 생활인지도 모른다. 하지만 말이 늦어 언어치료센터까지 다니던 때를 생각하면 이런 생각이 배부른 소리인 걸 잘 알고 있다.

첫째 아이의 말이 늦어지자 조급증이 생긴 우린 치료센터를 찾았다. 그런데 치료 때문인지 아니면 말이 터질 시기와 겹쳐서인지 그때쯤 아이는 문장으로 말하기 시작했다. 심지어 아빠! 오늘은 놀이터 가고, 밥 먹고, TV 보고 이런 거 할까? 라며 잘도 자기의 하루 일정을 말해 주었다.

말문이 터진 아이가 신기해서 빤히 보고 있으면 앞으로 인생 스케줄을 말해 줄 날도 멀지 않았겠구나 싶어 가슴에서 뜨거운 뭔가가 올라오기도 한다.

사실 난 아이 입에서 이런 질문이 나오길 고대하고 있다. 아빠 어떻게 살아야 해요? 아이가 이렇게 묻는다면 난 조금 상기된 표정으로 지금 어떻게 살아야 할지 아빠한테 물어본 거야? 다시 물어보곤 착실히 준비한 답을 정성껏 말해 줄 작정이다.


지오야, 어떻게 살아야 하냐고? 방금 네가 한 질문이 얼마나 대단한 질문인 줄 알아? 아빠는 네가 이렇게 물어봐 주길 기다리고 있었어. 그런데 어쩌지 아빠는 답할 수가 없어! 아니, 답을 알고 있다 해도 너에겐 말해 주지 않을 거야!

왜냐면 이 질문의 답이 너에게 아주 아주 중요하기 때문이야! 인생에서 이렇게나 중요한 답을 아빠나 다른 사람이 말해 줄 수는 없어! 그렇게 해서도 안 되고! 그러니 너 스스로 찾아야 해! 그 답은 오직 너만이 찾을 수 있기 때문이야!

하지만 그 답을 찾는 동안 아빠는 옆에 있을 거야. 네가 원하면 우린 더 깊은 대화도 할 수 있어. 너 스칸디나비아가 어디에 있는 줄 알아?

내가 이 말을 하고 있다면 그날이 아빠 인생에서 최고의 질문을 받은 최고의 날일 것이다.

## 가치유산을 남겨야 하는 이유

인생을 묻는 아이에게 아빠가 어떤 말을 해줬다면 그 자체가 아이에겐 유산이 된다. 아빠는 가치유산을 상속한 것이다. 이 가치유산 속엔 아빠의 삶과 생각과 신념과 가치가 담겨 있다.

아빠가 줄 수 있는 유산은 동산이나 부동산만 있는 게 아니다.

오히려 이런 유산보다 가치유산이 아이의 성장과 성숙엔 둘도 없는 소중한 자산이다. 다른 유산은 한순간 사라질 수 있지만, 가치유산은 사라지지 않는다. 하지만 이 유산의 의미와 가치를 발견하려면 시간과 힘이 필요하다. 세상은 가치유산을 가진 사람을 따른다. 아빠는 가치유산을 남겨야 한다.

한 야구선수의 아들이 아빠에게 부탁했다. 지금 룸메이트와 맞지 않아서 힘든데 방을 혼자 쓰고 싶다는 요청이었다. 아빠는 안 된다며 잘라 말했다. 그리고 이유를 설명했다.

자기랑 맞지 않는 사람과도 살아 봐야 해! 그래야 배울 수 있어! 아이는 진지한 눈빛으로 아빠가 하는 말을 경청했다. 가치유산이 상속되는 순간이었다.

아빠에겐 가치유산을 전해줄 의무가 있고 아이는 그 유산을 받을 권리가 있다. 하지만 아빠가 원하지 않아도 아빠의 모든 것은 유산으로 남는다. 아이가 아빠를 보고 배우기 때문이다.

아마도 아빠에게 이 사실만큼 불편한 진실도 없을 것이다. 내 모습을 아이가 닮는다는 건 참 부담스러운 일이기 때문이다. 아니, 가끔은 이 사실이 난 무섭기도 하다.

## 부모가 아이의 삶을 선택할 순 없다.

오슬로대학의 박노자 교수에 따르면 스칸디나비아적 성격이란 혼자 생각하며 미술 감상을 즐기고 국가나 군대에 다소 부정적이며 특히, 돈과 높은 자리를 목표로 살지 않는 사람을 가리킨다. 그런데 이런 성격의 사람이 대한민국에선 별종의 한국인으로 불린다며 교수는 꼬집듯 말했다.

이 말을 듣고 보니 나의 모든 걸 유산으로 받을 아이가 걱정됐다. 별종으로 크면 어쩌나 싶었기 때문이다. 하지만 예술은 사치, 돈과 권력은 좋아요! 같은 한반도적 성격도 썩 내키진 않았다.

하지만 군대에 가야 할 텐데 입대를 거부하면 어쩌나 싶고, 속물근성 만랩 사회에서 누군가를 경멸하려 든다면 인생이 고달파질 게 불 보듯 뻔했다.

내가 아빠라면 뭐라도 해야 했다. 대세를 따르는 처세술과 타협을 가르치라고 마음 한쪽에서 아우성을 쳤다. 하지만 조금 허무하게 모든 고민이 끝났다. 아이의 삶을 부모가 선택할 순 없기 때문이었다. 하지만 아이를 위해 자기 꿈도 포기할 수 있는 사람이 부모기에 아이의 어떤 선택은 도저히 받아들일 수가 없다는 걸 잘 알고 있다.

설문 조사를 핑계로 학생들에게 물었다. 남은 시간이 1년 밖에 없다면 꿈과 5억 원 중 무엇을 선택할 건가요? 학생 대부분은 꿈을 선택했다. 그런데 갑자기 TV가 켜지고 같은 질문을 받은 부모가 등장했다.

아이들과 다르게 모든 부모는 자기 꿈 대신 돈을 택했다. 아무것도 해준 게 없는 부모라서 그 돈으로 아이가 하고 싶은 걸 도와주고 싶다는 게 이유였다. 이런 부모라서 아이의 선택 하나하나에 애가 타는 부모다.

나와 아내도 아이의 찬란한 삶을 위해 뭐라도 희생할 게 분명하다. 하지만 아빠 생각대로 자라 줄 아이가 아니란 것도 잘 알고 있다. 먹는 것 하나도 마음대로 안 되는 걸 보면 우리가 어떻게 해도 아이는 자기 멋대로 자랄 게 분명하다. 그래서 우린 아이의 삶을 선택해 줄 수 있다는 생각을 일찌감치 버렸다. 설령 그럴 수 있다 해도 내가 그렇게 살지 않은 삶을 강요할 순 없을 것 같았다.

한 스님이 아이의 삶을 대신 선택하는 부모를 향해 남의 인생에 간섭하지 말라! 그 인생에서 빠지라고 말하자 자식인데 어떻게 그러냐는 엄마의 반박이 이어졌다.

이에 부모라도 자식을 한 사람의 독립된 인격으로 존중한다면 그 사람의 선택도 존중해야 한다고 스님이 말을 이었다. 아이는 부모의 소유도 꼭두각시도 아닌 독립된 인격체다. 자기 인생이 있는 한 사람이라는 의미다. 이걸 인정한 그때 아이는 독립할 수 있다.

## 선택해 줄 순 없지만, 보여줄 순 있다.

아빠가 아이의 삶을 선택해 줄 수 없지만, 보여줄 순 있다고 생각한다. 그래서 부모는 아이에게 하는 말대로 살 의무가 있다. 공부해라, 성실해라, 사랑해라 하면서 아빠가 그렇게 살지 않으면 아이는 혼란에 빠진다. 아이가 부모의 말을 듣지 않는 건 부모의 말과 행동이 달라서라는 걸 기억해야 한다. 부모의 마음과 행동이 일치할 때 아빠는 아이에게 가치유산을 상속할 수 있다.

아이 스스로 선택하고 결정하는 행동 자체는 독립을 위한 연습이다. 육아의 최종 목적이 독립이라면 자유롭게 선택하고 실패할 기회가 있어야 한다. 달리 말하면 아이에게 책임질 기회를 뺏지 말아야 한다는 의미다.

부모가 넘어질 기회를 뺏으면 잘 넘어질 수 없고 잘 일어설 수 없다. 많이 넘어져야 하는 이유는 잘 넘어지고 다시 일어서기 위해서다. 만약, 부모가 도전의 기회를 뺏는다면 그때는 아이의 삶을 끝까지 책임져야 한다. 하지만 대부분은 어떻게 하라고만 하지 그 결과는 책임져 주지 않는다.

결국, 아이가 그 결과를 책임지며 산다. 부모는 책임져 줄 게 아니면 아이 인생에서 빠져야 한다. 인생은 선택한 당사자만이 책임지게 되어 있다.

결혼이 그런 것 같다. 인생에서 자기 결정이 가장 중요한 순간에 부모가 개입하면 인생이 산으로 간다. 심지어 이혼도 마찬가지다. 해라 마라 보다 책임질 기회를 주는 것이 가슴은 찢겨도 그것이 한 인격체를 존중해 주는 방법이다. 아이에겐 아이 인생이 있고 독립된 인격체다. 걱정은 하되 부모는 그저 부모 인생을 살아야 한다.

아이의 독립을 환영하지만, 자기 인생계획을 말하며 떠날 걸 생각하면 벌써 짠하다. 그래서 나도 아이에게서 독립할 날을 미리 준비하고 있다. 부모도 아이에게서 독립해야 한다.

아이의 독립과 선택을 진심으로 기뻐하고 응원하려면 부모는 아이를 독립시켜야 하고 아이로부터 독립해야 한다. 그렇게 각자 잘 살면 된다.

# 인생이 하드 모드일 때 생각나는 아빠의 인생 팁 ─────── 육아는 최고의 가치투자다.

## 배고픈 사람에겐 채워야 할 허기가 있다.

아빠의 가치유산이 없는 사람에겐 누군가의 유산으로라도 채워야 할 배고픔이 있다. 어쩌면 자기 개발과 인생 명언 같은 서적과 영상의 인가가 그 허기의 반증인지도 모른다.

한 아저씨의 인생 팁은 행복할 때 약속하지 마라, 화났을 때 대응하지 마라, 슬플 때 결정하지 말라는 어디선가 들었을 만한 것이었다. 만약, 내게도 이런 인생 팁이 있었다면 이거 우리 아빠가 늘 하던 소리인데! 했을지도 모를 일이다. 하지만 이런 인생 팁이

내겐 없었다. 아마도 이런 이유로 서재 대부분이 자기개발서와
명언 집으로 차 있는 것 같다.

## 아이에게 필요한 건 돈이 아니라 가치유산이다.

가치유산에 대한 결핍은 자연스레 아이를 생각나게 했다. 아빠
가 가치유산을 남겨 주지 않는다면 내 아이도 다른 곳에서 허기
를 해결하려 들지도 모를 일이다.

그래서 아빠에겐 누구도 강요한 적 없지만, 가치유산을 남겨야
할 의무가 있다. 아빠에게 의무라면 아이에겐 그 유산으로 살아
갈 권리라고 할 수 있다. 아이에겐 살면서 힘들 때 마음껏 꺼내 먹
을 수 있는 초콜릿 인생 팁을 가질 권리가 있다.

하지만 왜 아빠의 유산일까? 삶에 대한 조언이라면 좋은 강연
이 넘치고 책과 영상으로도 쉽게 접할 수 있는 세상에서 말이다.
또, 잔소리로 들리는 경우가 많아서 그렇지 엄마의 유산도 있지
않은가? 어쩌면 질과 양에서 아빠 것보다 훨씬 나은 선택일지도
모른다.

하지만 내게 세계 최고 기업의 CEO나 우리나라 최고 부자의
말을 직접 듣는 기회와 아빠의 유산 중 고르라면 아빠 쪽을 택하
고 싶다. 자신에게 가장 적절한 가치유산이란, 오직 아빠만 줄 수

있기 때문이다. 아이에게 가장 필요하고 적절한 가치유산 대부분은 아빠가 줄 수 있다.

그동안 인생의 기본원칙에 관한 영상과 책을 하도 봐서 툭 치면 일 번, 이번이 나올 정도지만, 정작 인생에 큰 영향을 줬다고 할 수 있는 건 몇 가지 되지 않는다.

오히려 어떤 것은 무의미하고 나와 전혀 상관없는 그저 좋은 말인 경우가 많았다. 왜 그랬을까? 그건 아마도 말한 사람과 내가 아무런 관계가 없기 때문인 것 같다.

그 가치유산 속엔 관계가 빠져 있다. 하지만 아빠의 가치유산은 다르다. 아빠의 가치유산 속엔 아빠의 삶이 녹아 있고 일부분 아이의 삶도 녹아 있다. 이런 깊은 관계 속에서 전해지는 말이라면 그 어떤 대가의 것보다 아이에겐 의미 있는 말인 것이다.

## 아빠가 알려주는 가치유산 사용법

가치유산은 시간과 적용이 필요한 유산이다. 아빠의 가치유산이 아이 것이 되려면 그 사용법을 익혀야 한다. 이를테면 조금 전 아저씨의 말처럼 행복할 때 약속하지 말아야 하고 화났을 때 대응하지 말아야 하고 슬플 때 결정하지 않아야만 그 가치와 의도를 파악할 수 있다.

돈이나 부동산이 정제된 유산이라면 가치유산은 정제되지 않은 거친 유산이다. 마치 세공 전 보석 같은 유산이 이 가치유산이라 할 수 있다.

아마도 이런 이유로 가치유산은 말뿐이며 무가치한 유산으로 보는 사람도 있을 것이다. 사용법을 모르면 가치유산은 고리타분한 잔소리로 들리기 쉽다. 하지만 소에겐 경을 읽어줘도 알 수가 없다.

큰 포도밭을 가진 농부가 죽기 전 자신의 세 아들에게 포도밭에 보물을 묻었으니 자기가 죽거든 찾아보라는 유언을 남기고 세상을 떠났다. 아버지가 돌아간 후 세 아들은 보물을 찾기 위해 포도밭 여기저기를 파기 시작했다.

하지만 며칠을 파도 보물을 찾을 수 없었다. 그런데 파놓은 땅 위로 새싹이 자라나 보물찾기가 더 어려워졌다. 아들들은 신경질을 내며 잡초를 몽땅 뽑아버렸다.

그런데 시간이 흘러 가을이 되자 포도밭엔 싱그러운 포도가 익어갔다. 마을 사람들은 아버지가 죽고 게으른 세 아들이 포도밭을 망치겠거니 생각했는데 아니라며 칭찬했다. 그때야 세 아들은 아빠의 유산이 무엇인지 알 수 있었다.

가치유산을 사용하려면 시간과 적용이 필요하다. 하지만 이야기에서 주목할 점은 가치유산은 죽을 때 유언처럼 남기는 유산이 아니라는 것이다. 오히려 가치유산은 실시간으로 상속되는 유산이다. 그래서 아빠는 죽어서 남길 생각 말고 지금 아이에게 상속해야 한다.

아빠의 삶과 아이의 삶이 얽히고설켜 있을 때 가치유산의 의미는 배가된다. 깊은 인간관계 속에서 그 가치를 더하는 가치유산인 것이다. 아빠는 소유가 아니라 관계를 유산으로 남길 수 있어야 한다.

## 엄마 말고 아빠의 유산이 중요한 이유

아이와 밀접한 관계를 생각하면 대부분 아빠보다 엄마를 떠올린다. 그럼 엄마의 유산이지 왜 아빠의 유산일까? 바로 엄마의 유산과 다르게 아빠만이 줄 수 있는 유산이 있기 때문이다.

아이가 놀 땐 주로 나를 찾는다. 놀아줄 사람이 세상에 나밖에 없는 것처럼 매달리고 바라보며 뭔가를 끝없이 요구한다. 그 이유를 물어보진 못했지만, 나를 좋아하고 사랑해서라 믿고 버틸 때가 많다. 하지만 잘 시간이 되면 아이에겐 엄마밖에 없다.

아이는 엄마와 아빠에게 원하고 바라는 게 다르다. 부모도 각자가 줄 수 있는 게 다르다. 가치유산은 아빠가 줄 수 있다. 삶의 방향과 이상을 제시할 상황이라면 아빠가 해야 한다고 생각한다.

그것이 적절하고 효과적이기 때문이다.

엄마가 나무를 설명한다면 아빠는 숲을 묘사하고 엄마가 여행 정보에 빠삭하다면 아빠는 여행지로 가족을 안내할 수 있다. 물론, 반대인 경우도 많지만, 누군가 가족의 방향과 미래를 제시할 상황이라면 난 그게 아빠라고 생각한다. 가족을 위한 가이드와 서비스 역할은 아빠 몫이기 때문이다.

엄마의 말에 지속성이 있다면 아빠의 말엔 인생의 원칙처럼 묵직한 한방이 있다. 아이와 대화가 안 될 때 엄마는 애한테 가서 이야기 좀 해보라며 아빠 등을 떠민다. 한방이 필요한 것이다. 그런데 아빠도 사실 별반 다르지 않다.

등 떠밀려 온 아빠도 뭔가 해야겠다고 생각한다. 하지만 전해줄 만한 가치유산이 하나도 없다면 침묵이나 치킨이나 먹자며 아이와 나온다. 침묵이나 치킨은 가치유산을 전달하는 수단이나 장치지 가치유산이라 할 순 없다.

## 가치유산은 아빠의 말과 행동으로 상속된다.

가치유산은 콘텐츠로 시작해서 콘텐츠로 끝난다 해도 과언은 아니다. 그 질과 양은 아빠의 정제된 생각에 달렸다.

앞 세대가 물려준 생각과 신념, 믿음과 원칙을 heritage라고 한다면 유산이란 생각의 전달인 셈이다. 가치유산이란, 아빠의 생각을 말하며 정체성을 뜻한다. 달리 말하면 아빠의 생각과 정체성이 말과 행동으로 나타나는 것이 가치유산이라 할 수 있다.

그래서 가치유산은 소소한 일상 자체를 의미한다. 아빠의 생각과 가치에 따른 언행이 아이에게 전달되고 있다면 가치유산을 상속하고 있는 것이다.

아이는 부모 등을 보고 자란다는 속담처럼 아이는 부모를 보고 배운다. 그래서 어디선가 애들이 뭘 보고 그러겠어요! 하는 말이 들릴 때면 내게 한 말도 아닌데 자연스레 반성 모드가 된다.

부모가 잘살아야 할 이유가 있다면 아이가 보고 배우기 때문이다. 부모의 언행이 현재진행형으로 전해지고 있으므로 함부로 말하고 행동할 수 없는 것이다.

아이는 아빠가 쓰는 말과 뉘앙스를 스펀지처럼 흡수한다. 그래서 아빠에겐 기억나는 것을 적고 곱씹고 되새겨 다듬는 수고가 필요하다.

아빠가 작가나 시인도 아니고 이렇게까지 해야 할까? 해야 한다! 함축적이고 농축된 언어로 완성된 가치유산이 아이에겐 정제되지 않은 보석으로 전해지기 때문이다.

그 보석을 다듬고 세공하면서 아이는 아빠의 유산을 발견한다. 어쩌면 아이가 그 뜻을 몰라 아빠, 이게 무슨 말이에요? 할지도

모른다. 아마도 이때가 아이와 깊은 대화를 할 수 있는 좋은 접점
일 것이다.

## 더도 덜도 말고 아빠처럼만 살아라!

내가 등 떠밀려 아이에게 갔다면 꼭 해주고 싶은 말이 있다. 더
도 덜도 말고 아빠처럼만 살아 달라는 것이다. 어디서 이런 근거
없는 자신감이 나온 걸까 싶지만, 살아보니 부모만큼 대단한 사
람도 없다는 걸 인정할 수밖에 없기 때문이다.

최근 본 딩크족과 비혼족의 인터뷰가 인상적이었다. 둘은 조금
씩 다르지만, 아이와 육아에 관한 생각은 비슷했다. 이 인터뷰 제
목은 자식을 위해 많은 것을 포기한 부모님을 보며 비혼 결심. 이
란 긴 제목이었다. 반대로 자식을 위해 많은 것을 포기한 부모님
을 보며 결혼과 육아하기로 했다는 제목은 절대로 볼 수 없겠구
나 싶었다.

그들이 아이를 갖지 않는 이유는 일단, 부모세대처럼 자식에게
헌신할 자신이 없고 자기 삶을 포기하며 살고 싶지 않기 때문이
었다. 돌리고 돌려서 말했지만, 결국 그런 말이었다.

자신을 희생하기 싫고 자신의 멋진 삶도 포기할 수 없어 결혼
도 아이도 그들은 원하지 않았다. 인터뷰 속 말이 내겐 그렇게 들

렸다. 더 치열한 삶도 성숙한 삶도 필요 없고 내 행복을 가장 우선시할 때만 행복한 인생을 살 수 있다! 로 요약되는 내용이었다.

그런데 이 말을 뒤집어 보면 부모가 어떤 사람인지 알 수 있다. 그들의 말에 따르면 부모는 자기보다 용기 있고 강하며 자기 인생에 당당히 맞선 사람이었다. 더욱이 육아 때문에 일상을 과감히 포기한 사람이기도 했다. 부모는 일부러 더 불행한 삶을 선택한 사람이고 아이 키우기 어려운 환경에 정면으로 맞서는 그런 사람이었다.

부모가 이런 사람이라면 나처럼만 살라고 하는 게 그나마 가장 평균적인 인생의 답이지 않을까? 부모라면 이 정도 자신감은 허락됐다고 생각한다.

부모라면 아이에게 자기 삶을 모델로 줘도 된다. 물론, 모자란 부분이 많다. 하지만 완벽해서 부모가 된 사람은 없다. 장점을 발전시키고 단점을 보완하면서 부모가 되어가는 사람만이 있을 뿐이다. 아이에게 아빠처럼만 살아도 돼! 말해도 괜찮다. 아빠는 그저 삶으로 보여주면 그뿐이기 때문이다.

## 돈은 꽃보다 아름다울 수 없다.

하지만 모든 일엔 좋은 면과 나쁜 면이 있기에 가치유산도 예외

일 순 없다. 의미와 가치만 추구하면 자칫 돈에 선입견이 생길 수도 있고 현실을 전혀 모르는 사람처럼 보일 수 있기 때문이다. 재력은 무시하면 그뿐일 수 없으며 실제로도 불가능하다.

돈에 관한 가치유산이라면 남기고 싶은 두 가지가 있는데 하나는 아빠가 번 돈에 대한 한 아이의 이해이고 다른 하나는 돈을 꽃에 비유한 말이다.

요즘도 돈이 전부인 듯하지만, 내 시대의 언어로 돈은 아름다운 꽃이었다. 책 제목이기도 한 이 말이 그 시절 돈을 보는 시각을 잘 설명해 줬다고 생각한다.

에셋이란 단어를 시작으로 투자상품과 자산관리라는 말이 유행처럼 돌면서 직장인이라면 누구나 개인 투자 통장 하나씩은 가지고 있었다.

그땐 이렇게 안 하면 나만 손해 보고 안 될 것 같은 느낌이었는데 근래 비트코인을 보자니 내용만 바뀌었을 뿐 별반 다르지 않은 것 같다.

그런데 만약, 돈이 꽃이라면 우리는 졸업식이나 기념식 때 꽃다발을 줄 게 아니라 돈다발을 줘야 한다. 꽃길만 걸으라는 덕담도 사실은 돈 길로만 걸으라는 말이 된다.

모두에게 필요한 치료가 금융치료인 걸 보며 돈이 모든 것을 대신할 수 있다! 이렇게 들릴때가 있다. 하지만 그 아름다운 꽃마저 돈으로 치환될 수 있다는 생각에 반기를 들고 싶다. 돈은 꽃이 될 수 없다. 돈은 그저 돈일 뿐이지 감정이나 식물일 순 없다.

돈이 모든 것의 기준이라면 세상은 칼같이 구분될 수밖에 없다. 가진 사람을 성공한 사람으로 못 가진 사람은 루저로 만들기 때문이다. 하지만 세상은 그렇게 구분되지 않는다. 나와 내 아이의 가치가 그저 돈으로만 평가되는 것을 우린 거부해야 한다.

## 100만 원이 없어서 다행이다.

돈과 가진 것으로만 사람을 평가하고 구분하는 사람을 가리켜 속물이라고 부른다. 그들의 판단 기준은 오직 돈과 가진 것이며 대인관계 능력이나 공간 능력, 아이의 웃음과 존재 자체 같은 건 평가 기준이 될 수 없다.

한 연예인에게서 이 속물근성에 대해 들을 수 있었다. 자기는 속물이어서 자기보다 적게 버는 사람이 남자로 보이지 않는다고 그녀는 말했다. 단돈 100만 원이라도 더 버는 사람만 남자로 여기겠다는 말이었다. 저 여자보다 100만이라도 적게 벌었다는 사실이 그렇게 다행이고 감사할 수 없는 순간이었다.

그런데 이 연예인의 말보다 더 쓸쓸했던 건 이 말을 듣고 있던 사람들의 맞장구였다. 세상이 그런 곳인 걸 인정해야 했다. 하지만 바로 채널을 돌렸다.

　지난 2022년 카타르 월드컵 감독이었던 파울루 벤투 감독은 12년 만에 대표팀을 16강에 진출시키고 대표팀을 떠났다. 그런데 그가 떠나며 남긴 말 때문에 난 조금 부끄러웠다.

　한국은 선수보다 오로지 돈이란 뼈 있는 말을 남기고 벤투 감독은 떠났다. 내가 사는 사회가 가진 기준이 속물의 그것과 비슷한 것 같아 씁쓸했던 순간이다.

　돈으로만 구분되는 세상엔 인간미가 없다. 부모의 재력으로 구분된 세상에 자기 아이를 내놓고 싶은 부모도 많지 않을 것이다.


## 돈을 좇는 사람은 자기 같은 사람을 따르지 않는다.


　한국에선 오래도록 변하지 않는 부자의 기준이 자산 100억이라고 한다. 라디오에서 들리는 100억 부자는 못 돼도 100억 유산균은 가질 수 있다는 광고에 아, 누구 놀라나? 발끈했는데 이 100억이란 돈은 상상만으로도 벅찬 것 같다.

　정말 돈이 꽃이라면 난 아내에게 꽃 선물은 못 할 것이다. 아마도 꽃길을 걸어 볼 일은 더더욱 없을 것이다. 하지만 지금도 봄이면 난 후레지아를 선물하고 아이와 함께 꽃밭으로 향한다.

　세상이 돈으로만 구분될 수 없다는 사실에 굳이 설명이나 증명이 필요할까 싶은데 돈을 좇는 사람은 자기 같은 사람을 절대로 따르지 않는다는 말로 그 설명을 대신할 수 있을 것 같다.

그들도 아는 것이다. 돈을 벌려면 돈을 좇는 사람을 따라가면 안된다는 것을. 무엇보다 아이는 돈으로 크지 않는다. 아이는 부모의 사랑과 관심으로만 성장하고 성숙한다.

하지만 돈을 최고의 가치로 둔 사람도 있기에 그 가치를 딱 잘라 말할 순 없을 것 같다. 어떤 가치유산을 남겨 줄지는 오직 아빠에게 달렸다. 그 책임도 마찬가지다.

최근 아들에게 돈 공부하라는 주제의 책을 만났다. 책은 시대가 변해서 돈 벌기 위한 공부의 필요성을 강조했는데 이상하게 책을 소개하는 문구는 결이 조금 달랐다. 진짜 부자들은 일하지 않고도 자유로운 사람들이다. 아들아, 아버지는 진심으로 네가 그길로 들어서길 바란다고 적혀 있었다.

내겐 이 말이 인생 망할 것 같은 길로 보였다. 진짜 부자는 정말 일하지 않는 사람일까? 그래서 정말 자유로운 사람일까? 묻지 않을 수 없었다.

22년도 포브스가 발표한 전 세계 부자 1위는 테슬라의 일론 머스크였다. 사실 21년 1위도 이 사람이었다. 인류 역사상 최초로 재산이 3000억 달러를 돌파한 사람이다. 한화로 약 350조 원이 넘는다. 이 사람을 찐 부자라 하는 것엔 이견은 없을 것이다. 그런데 일론 머스크는 자타공인 워커홀릭이다.

전 세계 부자 2위는 아마존의 제프 베이조스로 재산이 약 300조 원이라고 한다. 그런데 이 사람도 워커홀릭이다. 우리나라의 유명한 부자들만 봐도 워커홀릭이 아닌 사람이 없을 정도다.

부자에게도 레벨이 있다면 책에서 말하는 부자란 아주 낮은 수준 부자인지도 모르겠다. 내 아이에게 이렇게 수준 낮은 길이라도 가야 한다고 해야 할까? 솔직히 고민이다.

또, 일하지 않은 부자가 자유로운 사람이란 말도 자신 있게 해줄 순 없을 것 같다. 정말 자유로운 사람은 그게 일이든 돈이든 관계없이 자유로운 사람이기 때문이다.

요즘 돈이 자유를 준다는 말을 자주 듣는다. 하지만 정말 그럴까? 돈이 자유를 준다고 생각하는 순간 우리 대부분은 자유 할 수 없다. 모두가 그렇게 말하는 사람의 재력의 단계까지 갈 순 없기 때문이다. 오히려 평생 돈은 자유다! 이 족쇄를 찬 사람으로 살게 될지도 모른다. 자유인은 돈 때문에 자유로운 사람이 아니다. 자유인은 그 무엇 때문에 자유로운 사람일 수 없기 때문이다. 자유인은 마치 그리스인 조바르가 말한 것처럼 나는 아무것도 원하지 않을 때 나는 아무것도 두렵지 않을 때 자유를 외치는 사람일지도 모른다.

## 외로움의 값

가끔 아이의 속 깊은 말 때문에 짠할 때가 있다. 한 아이의 돈에 대한 비유가 그런 것 같다. 영재를 발굴하는 프로에 나온 13세 아이는 피아노 영재로 프랑스 유학길에 올랐다.

아빠는 아이 생활비를 위해 홀로 한국에 남아 돈을 벌었는데 아이는 아빠가 보내준 돈을 아빠가 느꼈을 외로움의 값이라 표현했다. 의젓한 표현에 감동했지만, 난 아빠가 가치유산을 잘 전달했구나 싶었다.

아빠의 생각이 아이 삶의 정답일 순 없다. 인생엔 정답이 없다. 또, 어떤 좋은 가치도 절대적 기준으로 삼기엔 인생은 너무 복잡하다. 그런데도 가치유산이 중요한 이유는 그 가능성에 있다. 아이에게 실패해도 계속 시도해 볼 기회가 있으며 아빠가 응원하고 있다고 말해 주는 가치유산이 아이에겐 필요한 것이다.

아이에겐 더 많은 실패와 어려움이 있어야 한다. 현명한 사람이 되려면 반드시 그런 시간이 필요하기 때문이다. 현명한 사람은 문제를 통해 두려워하지 않는 것을 배운다. 해결하는 과정에 의미가 있다고 생각에서 오히려 문제를 환영하는 사람이 바로 현명한 사람이다.

어려워도 얻을 게 있다면 참고 견뎌야 한다. 가치 있는 것을 얻기 위한 인내는 이럴 때 진가를 발휘한다. 이걸 아빠가 보여주면 가치유산이 전달된다.

## 아빠는 첫째도 둘째도 관계다.

아빠의 가치유산은 관계 위에서 작동된다. 하지만 당연해 보이는 부모 자식과의 관계에도 노력과 에너지가 필요하다. 아빠와 아이 사이에 신뢰가 없다면 아무리 좋은 가치유산도 무용지물일 가능성이 크다. 가치유산이 온전히 아이 것이 되려면 아빠와 끈적한 관계가 우선 돼야 한다.

이 끈적한 인간관계를 만들고 유지할 방법이 바로 육아다. 육아는 이 관계를 위한 투자라 할 수 있다. 육아는 가치유산을 마음껏 사용할 수 있도록 아이와 신뢰를 쌓는 작업이다.

가치유산을 책에 비유하면 좀 더 이해하기 쉬울 것 같다. 아빠가 먼저 읽은 책이 재밌고 알게 된 것이 많았다면 추천하고 싶을 것이다. 가치유산은 아이에게 이런 게 있다며 읽어보라고 추천해주는 책이라 할 수 있다.

아빠가 경험한 책이 많다면 아이 책장에 꽂아주고 싶은 것도 많을 것이다. 하지만 그 가치를 모르는 아이가 당장에 다른 필요를 위해 책을 팔아버린다면 아마도 폐품 값밖에 받지 못할 게 분명하다.

　가치유산이 아이에게 진정한 유산이 되려면 아빠의 부단한 노력이 필요하다. 아이가 책에 흥미를 느낄 수 있도록 줄거리를 소개하고 설명하는 도슨트 아빠라도 돼야 한다.

　아빠의 의무를 다하려면 변화를 위한 행동이 필요하다. 잘 준비되고 육아하는 사람은 없다. 그냥 하면 그게 육아다. 그냥 행동하면 그게 아빠의 유산을 전하는 일이다. 자신이 아빠의 가치유산이 필요했던 것처럼 아이에게도 가치유산은 필요하다.

## 아빠는 인생습관을 줘야 한다.
### 아빠 등을 보고 자란 아이가 무서운 이유

## 나달이 공을 잘 튀기는 이유

테니스는 몰라도 이름은 들어봤을 로저 페더러나 노박 조코비
치 보다 난 라파엘 나달에게 정이 간다. 플레이도 예술이지만, 아
마도 우리나라 자동차회사 모델이었다는 점이 한몫하는 것 같다.

나달이 우승과 함께 받은 벤츠에 오르며 최고의 차인 기아차보
다는 못하지만 괜찮은 차라고 한 인터뷰가 팬심을 자극했다.

나달의 서브 전 예비 동작은 주로 코트에 공을 튀기는 것으로
시작한다. 참 쉬워 보이는 이 동작을 우습게 봤다가 공만 쫓아다

넜던 것 같다. 나달은 이 동작을 숨 쉬듯 자연스럽게 하는데 심지어 시선은 공이 아니라 상대방 코트 어딘가에 있다.

이런 무의식적인 동작이 가능한 이유는 몸에 밴 습관 때문이다. 그래서 별다른 노력이나 집중 없이도 공을 튀기는 서브 전 동작이 가능하고 본 서브로 이어진다. 만약, 내게도 이런 습관이 있다면 공 좀 튀겨 본 사람으로 보이게 할지도 모르겠다. 물론, 서브는 완전히 다른 문제다.

어려운 일도 쉽게 만들어 주는 습관이라면 아이에게 주고 싶은 습관이 있다. 우선 책 읽기가 그렇고 배려의 습관이나 공부하는 습관도 그렇다. 이런 습관이 좋은 선택을 가능하게 하며 자신뿐 아니라 주변 사람도 챙기는 마음이 단단하고 넓은 아이로 성장시켜줄지도 모르기 때문이다.

하지만 습관이 물건도 아니고 자, 여기 좋은 습관이 있어! 잘 사용해! 할 순 없다. 아빠는 다른 방법을 찾아야 한다.

## 습관을 만드는 방법

습관을 직접 줄 순 없지만, 보여주거나 함께 만들 순 있다. 그래서 아빠는 시간과 힘을 들여 귀찮은 루틴의 과정을 지나야 할지도 모른다.

한 프리미엄 축구선수의 아버지처럼 아들에게 자기의 루틴을 보여주고 심지어 본인이 프리미엄 선수처럼 살아야 겨우 가지게 되고 유지할 수 있는 습관일지도 모른다.

습관이 결과라면 루틴은 습관으로 가는 과정이다. 좋은 습관을 갖고자 할 때 힘들고 괴로운 이유는 루틴을 만들기 어렵기 때문이다.

출산 후 아내는 규칙적인 식사와 운동이 목표였는데 모두 실패했다. 아내는 이전 생활 습관을 버리지 못했다. 난 군대 전역 전 책 좀 읽고 운동해서 멋지게 전역하고 싶었지만, 그냥 군필만 됐다. 매일 책을 읽거나 운동하는 루틴이 없었기 때문이다.

또, 시작은 했을지라도 루틴을 유지하지 못 해 원하는 결과를 얻지 못하는 경우도 많다. 확실히 습관은 마음이나 생각이 아니라 몸으로만 가능한 루틴의 결과라 할 수 있다.

루틴으로 다져진 행동방식을 테마로 한 프로그램이 있다. 이 프로의 주인공은 습관적으로 일하는 사람들이다. 방송에선 공식 질문처럼 힘들지 않으세요? 묻는다. 그럼 출연자도 고정된 답인 양아, 힘들죠! 그런데 매일 하는 일이니깐 괜찮아요! 한다. 매일의 루틴으로 다져진 습관이 힘든 일도 어깨 힘 빼고 쓱쓱 하면 되는 일로 만든 것이다.

# 육아를 습관처럼 하면 쉽게 할 수 있다.

그런데 힘든 것으로 치면 육아만 한 게 없는데 육아를 주제로 한 회차가 없다는 게 조금 섭섭하다. 하지만 그 이유도 알 것 같다.

사람들에게 육아란 슈퍼맨이 돌아오고 아빠가 자꾸 어딜 가야 하는 예능의 소재가 되었기 때문이다. 하긴 육아는 멀리서 보면 예능이고 가까이서 보면 곡소리 나는 다큐니까 예능 쪽으로 생각하는 게 더 나을지도 모르겠다.

습관은 육아에도 적용된다. 육아로 다져진 행동방식이 습관처럼 밥 먹이고 씻기고 재우는 걸 아무렇지도 않게 하게 한다. 그렇게 비슷한 하루의 반복이 육아의 일상이기도 하다. 습관을 만들어내기에 충분한 요소가 육아 속에 담겨 있다.

하지만 육아에 습관이 생겼다고 쉬운 것처럼 보일망정 프로그램의 주인공 같은 마음일 순 없다. 오히려 시간이 갈수록 몸뿐 아니라 심리적 부담감이 커지는 육아기 때문이다.

그래서 습관적으로 육아하고 있다는 의미는 스킬이 아니라 아빠 마음에 생긴 습관을 말한다. 이를테면 육아를 통해 단단해진 마음과 어려운 상황과 환경도 무덤덤하게 넘기는 태도를 의미한다.

아내도 그런 것 같다. 처음 육아할 땐 죽을 것 같다고 하더니 점점 죽겠다로 변하고 결국엔 죽인다! 로 바뀌었다. 하지만 또 언제 그랬냐는 듯 아이 덕분에 행복한 얼굴이다. 이것이 반복에서 나오는 힘이 아니고 뭐겠는가?

## 어떤 습관을 줘야 할까?

습관은 삶의 방향에 영향을 준다. 그래서 행동을 바꾸면 습관이 바뀌고 습관이 바뀌면 인생이 바뀐다고 한다. 습관에 이런 힘이 있다면 좋은 습관을 줘야 할 충분한 이유가 있다.

거의 모든 부모가 아이에게 있었으면 하는 습관이 있다. 이를테면 책 읽는 습관이나 공부하는 습관이 그렇다. 왜일까? 아마도 이런 습관이 좋은 대학, 좋은 직장, 윤택한 삶으로 이어진다는 생각에서 그런 것 같다.

하지만 책이나 공부는 사람을 사람 되게 하는 것이 목적이지 유명한 대학이나 직장과 연봉과는 사실 아무런 관계가 없다. 자신이 괜찮은 사람이 되면 이런 것은 부수적으로 따라오는 것이기 때문이다.

하지만 그 목적이 어떠하든 다른 부모들처럼 나도 아이에게 줄 습관 하나를 고르라면 책 읽는 습관으로 하고 싶다. 사람이 책을 만들고 책은 사람을 만든다는 말까지 있는걸 보면 책 읽기란 선택의 문제가 아니라 의무에 가깝기 때문이다.

하지만 책 읽기가 완전무결한 습관은 아니다. 때로 책 좀 읽었다고 자랑질하거나 아집과 고집으로 똘똘 뭉친 사람도 있기 때문이다. 제일 무서운 사람 중 하나가 딱 한 권의 책을 읽은 사람인걸 보면 책이 주는 영향력이란 인생 전체에 영향을 미친다고 할 수 있다.

책을 읽는 진짜 목적은 자신과 타인을 위한 좋은 선택을 돕기 때문이다. 한 방송인도 책이 좋은 선택을 돕기 때문에 아이가 다른 건 몰라도 책만은 놓지 않기를 바란다고 하는 말을 들었다. 이 사람이 오랫동안 방송에서 살아남은 이유를 알 것 같았다.

## 책 읽는 습관을 주는 방법

하지만 정작 부모가 알고 싶은 건 책의 장단점이나 영향력이 아니라 아이에게 책 읽는 습관을 주는 방법론이다. 결론부터 말하면 책 읽는 습관을 주려면 부모가 책 읽는 모습을 보여줘야 한다. 부모가 독서광이 되지 않고선 독서 습관을 줄 수 없다.

미국 교육부에 따르면 흑인 초등학교 4학년 남학생의 약 85%는 글 읽는 걸 힘들어하고 자연스레 독서 습관도 기대하기 어렵다고 한다. 이런 현실을 바꿔 보고자 한 흑인 교사는 이발소 도서관을 만들었다. 선생님은 흑인 아이 중 많은 아이가 미혼모 가정에서 자란다는 사실에 관심을 가졌다.

아이는 가정에서 남자 어른이 책 읽는 모습을 거의 본 적이 없으며 심지어 학교에서도 그랬다. 선생님은 가장 쉽고 편하게 방문하는 이발소에 책을 비치해 두는 것으로 아이들이 책과 만나길 원했다. 책 읽는 모습을 보여주고자 한 것이다.

어른이 책 읽는 모습을 한 번도 보지 못한 아이는 책과 멀어졌다. 부모가 책 읽는 모습을 한 번도 보지 못한 아이는 어떨까?

책 읽는 습관을 줄 수 있는 가장 좋은 방법은 부모가 책 읽는 모습을 보여주는 것이다. 책과 거리가 먼 아빠 때문에 아이는 책과 영영 이별할지도 모른다.

정작 책만 펴면 잠이 오는 아빠가 독서 좀 하라고 하면 아이는 자기도 안 하면서 왜 나한테만 읽으라는 거지? 반문할지도 모른다. 자기는 하지 않으면서 하라 건 잔소리일 뿐이다. 반면 조언은 경험을 들려주는 것이며 보여주는 것이다.

하지만 그저 책 읽는 모습만 보여주면 아이에게 책 읽는 습관이 생기는 걸까? 1990년 이탈리아 신경심리학자 리촐라티는 원숭이 뇌에서 거울 뉴런을 발견했다. 이 뉴런은 다른 사람의 행동을 따라 하며 의도를 파악하고 공감하게 만드는 역할을 담당하는데 특히, 행동과 언어를 모방하고 학습하게 만드는 역할을 담당하는 뉴런이었다.

이런 거울 뉴런의 작용을 보자면 아이가 어른의 거울이라는 말은 비유적 표현이 아니라 실제로 원인에 의한 결과기도 하다.

부모가 책 읽는 모습을 보여주면 아이의 거울 뉴런이 의도를 파악하고 공감하며 책을 펴게 만든다. 부모를 따라 책을 읽으면서 아이는 몸으로 책 읽는 것을 습득한다. 주고 싶은 습관이 책 읽기라면 당장 책 읽는 모습을 보여줘야 하는 이유가 여기에 있다.

## 배려하는 습관을 주는 방법

책 읽는 습관이 자신을 위한 습관이라면 아마도 배려의 습관은 다른 사람을 위한 습관일 것이다. 하지만 결국 다른 사람을 위한 것이 자신과 모두를 위한 행동인 걸 아이도 알게 된다.

다른 사람을 위한다고 할 때 가장 먼저 떠오른 단어가 배려다. 그런데 배려만큼 습관이 필요한 것도 없다. 우선, 배려가 어렵기 때문이고 내가 한 배려가 의미 있으려면 타이밍이 중요하기 때문이다.

이 타이밍을 맞추기 위해 배려는 습관처럼 나와야 하는 것이다. 자기도 모르게 배려의 행동이 나왔을 때 상대는 감동한다. 적당한 때에 필요한 배려를 받았기 때문이다.

매너있거나 친절한 행동을 배려라 생각할 수도 있지만, 사실 다르다. 배려엔 마음 심(心) 자가 필요하다. 매너나 친절한 행동은 그런 마음 없이도 할 수 있지만, 배려는 마음이 있어야 할 수 있다.

우리는 매너나 친절을 배려와 혼동한다. 이를테면 다른 사람에게 매너있게 행동하거나 친절할 확률은 50:50이거나 그 이하다. 상황이나 환경에 따라 바뀔 수 있고 대상에 따라 다르게 행동하기 때문이다. 하지만 배려는 마음이 있어야 하므로 항상 100이다. 조건에 상관없이 배려할 수 있는 것이다.

때로 친절하게 행동하면 할 도리를 다했다고 생각하거나 생색내기 바쁜 사람이 있다. 하지만 배려는 오히려 그 사람이 몰랐으면 하는 행동이다. 오른손이 한 일을 왼손이 몰랐으면 하는 마음이 배려인 것이다.

내게 배려심을 알려준 건 엄마였다. 평범한 오후 TV를 보는데 무너진 건물 사이로 핑크색 기둥이 보였다. 삼풍백화점이 무너져 내린 날이었다.

뉴스를 보던 엄마는 나가서 웃고 다니지 말라며 부탁했다. 아니, 우리 집이 무너진 것도 아닌데 무슨 소린지 도통 이해할 수 없었다.

그런데 그다음 해 성수대교가 끊겼을 때 엄마는 또 그 말을 했다. 세월이 많이 흘러 세월호가 가라앉았을 때 역시 엄마는 부탁했다. 나라에 크고 작은 사고가 있을 때마다 엄마는 그랬던 것 같다.

엄마는 다른 사람이 큰 슬픔과 고통 속에 있는데 마냥 즐겁게 웃고 돌아다니면 안 된다고 생각했다. 그런데 답답하게만 들리던 그 말이 요즘 들어 많이 생각난다. 그 부탁이 세상을 향한 엄마의 배려심이었던 것 같다.

## 내 아이의 배려심이 배신당했을 때

하지만 내 아이의 배려가 친구에게 이용당하는 모습이라면 난 어떨까? 분노하고 급발진하며 배려의 습관은 개뿔 아빠 자신을 원망할지도 모른다. 그러면서 험한 세상 배신이나 당하지 말라고 너 먼저 잘 챙겨야 한다고 절대로 손해 보는 일이나 선택을 해서는 안 된다고 가르칠지도 모른다.

하지만 만약, 그런 상황에 놓인 아이가 놓였다면 그건 아빠 책임이다. 배려를 잘못 전달한 아빠의 잘못이 크기 때문이다. 그래서 아빠는 말과 행동으로 배려의 실체를 보여줘야 한다.

이를테면 배려에는 반드시 이유가 있어야 한다. 배려가 계속되면 권리인 줄 안다는 말이 없어지려면 이유 있는 행동과 생각과 의도가 필요하다.

나의 배려로 상대방의 필요한 부분이 채워졌는지? 실제로 도움 됐는지? 그래서 어려운 상황을 넘기는 기회가 됐는지? 따져보는 모습이 필요한 것이다. 이런 행동의 반복이 곧 배려의 습관이라 할 수 있다.

배려는 습관이다. 일회성이 아니라 몸과 마음에 베어 습관처럼 나오는 배려가 진짜 배려의 모습이기 때문이다.

놀이터에서 한참 걷기 연습 중인 아이 앞으로 거칠게 싱싱 카 한 대가 멈췄다. 신기했는지 아이가 만지고 싶어 손을 뻗자 아내 가 아이에게 만져도 돼? 물었다.

아이는 잠시 머뭇거리더니 센소리로 안 되거든요! 답했다. 아 내는 인의예지 없는 답에 그럼, 저리 가줄래? 꾸짖듯 말했다.

내 생각엔 둘 다 배려가 없어 보였는데 종종 이런 아이를 만날 때면 이 무례함이 어디서 왔을까? 궁금해진다. 그러면서 나도 모 르게 아이의 부모를 찾아 두리번 한다.

아이가 쓰는 대부분 말과 단어와 뉘앙스는 부모에게서 왔을 가 능성이 크다. 아이는 부모의 말과 행동을 보고 배우기 때문이다.

한 아이와 엄마가 빵집에 들어섰다. 아이가 망설임 없이 초콜릿 케이크를 고르자 넌, 알레르기 있어서 못 먹어! 엄마가 말렸다. 하지만 아이는 응 알아! 그런데 애들이 잘 먹는다며 초콜릿 케이크를 선택했다. 아이의 배려심이 느껴지는 이야기지만, 난 엄마의 배려심이 더 크게 느껴졌다.

배려 속엔 마음이 담겨 있다. 그래서 배려가 짓밟히면 더 아프고 괴롭다. 하지만 배려를 멈추면 세상이 멈출지도 모른다. 세상은 배려하는 사람들 때문에 유지되고 있다. 배려하는 습관은 세상을 유지하는 데 쓰라고 주는 습관이다.


## 공부하는 습관은 생각하는 습관이다.


마지막으로 아이에게 주고 싶은 습관은 공부하는 습관이다. 아마도 거의 모든 부모가 아이에게 있었으면 하는 습관 중 하나가 바로 이 습관이 아닐까 싶다.

왜일까? 앞서 말했듯 공부하는 습관이 아이의 좋은 대학과 높은 연봉의 직업과 연결된다고 생각하기 때문이다. 실제로 공부가 습관인 아이라면 그럴 확률이 높고 어쩌면 실제로도 모두가 부러워하는 그런 직업을 가질지도 모른다.

하지만 정작 공부는 이런 단순함을 훨씬 뛰어넘는 의미다. 공부는 기억력보다 사고력이 중요하다는 걸 알게 하는 습관이기 때문이다.

100년을 넘게 산 어떤 교수는 100년을 살다 보니 기억력이 많이 떨어졌다고 한다. 하지만 우리에게 중요한 건 기억력이 아니라 사고력이라 말했다. 공부하는 이유가 사고력일 때 공부하는 습관은 생각하는 습관이 된다.

요즘 아이는 여러 의미 없는 말을 쏟아내는데 가장 많이 하는 말이 왜요? 다. 지금 아이는 왜요 병에 걸렸다. 종일 이 왜를 듣다 보면 멀미가 생길 정도다.

하지만 아이의 왜요 만큼 공부 습관을 자극하는 말도 없다. 왜요가 가장 모호한 질문인 동시에 가장 구체적인 질문이기 때문이다.

보통 아빠는 아이가 왜요하면 잘 설명해 주다가 점점 귀찮아져서는 그만 물어봐! 의 단계를 거친다. 그래서 난 일부러 더 자세히 설명하려고 노력한다.

이를테면 위에서 뚝 떨어지는 뭔가를 보곤 왜요? 하면 내가 알고 있는 중력에 관한 모든 걸 말해 준다. 그럼 조금 듣다가 아이는 또 다른 질문을 한다. 하지만 난 이 설명을 끝까지 듣지 않으면 다른 질문엔 답하지 않겠다고 말하고 설명을 마친다.

이렇게 하면 두 가지가 좋다. 하나는 쉽사리 하던 질문을 조금 줄게 할 수 있다는 것이고 다른 하난 아이가 하는 질문에 아빠도 관심이 있다는 걸 알려줄 수 있다는 것이다.

공부하는 습관으로 얻고자 하는 최종 목표는 자기만의 생각하는 방법을 만들거나 발견하는 것에 있다. 공부 습관은 자기에게 맞는 생각하는 방법을 찾기 위한 것이다.

그럼 대체 뭘 생각한다는 걸까? 생각하는 습관 대부분은 자기반성, 자기 성찰, 지난 일에 대한 복기를 의미한다.

여러 분야에서 성공한 사람의 능력은 각각 다르다. 이를테면 의사는 수리능력이, 운동선수는 공간 능력이 뛰어났다. 그런데 이들 모두 그 수치가 높은 영역이 있었는데 바로 자아 성찰이었다.

성공하길 바라는 사람에게 필요한 건 성적이나 자격증이 아닌 자기를 이해하는 능력이다. 성공하는 사람은 자기 객관화가 잘 된 사람이라 할 수 있다.

아이에게 책 읽는 습관, 배려하는 습관, 공부하는 습관을 주려면 부모가 먼저 그런 삶을 살아야 한다. 부모는 아이에게 이렇게 저렇게 하라고 말로 가르치지만, 사실 행동보다 큰 가르침은 없다.

무엇보다 사랑이 그렇다. 아이에게 사랑을 알려주고 알게 하려면 말과 행동으로 보여줘야 한다. 아빠가 표현을 해줘야 아이는 자기가 사랑받는지 알 수 있다. 좋은 습관을 주려면 아빠는 움직여야 한다. 몸으로 보여줘야 아이가 배울 수 있기 때문이다.

# 아빠가 주는 9가지 능력 ———————
———————— 사랑받고 자란 아이는 그렇게 티가 난다.

## 아이는 가치유산의 철길을 따라 꿈의 역에 도착한다.

저는 막노동 하는 아버지를 둔 아나운서 딸입니다! 이 고백이 사람들의 이목을 집중시켰다. 딸도 아빠가 부끄러워 숨기고 싶던 평범한 아이였다. 하지만 꿈을 이루고 보니 자기 성공의 뿌리가 아빠였음을 고백할 수밖에 없었다.

딸이 말한 유산이란 재력이 아닌 아빠 삶 자체였다. 정직한 노동으로 보여준 아빠의 삶은 질 좋은 한 권의 인생 교과서와 같았다. 딸은 최악의 조건에서도 꿈을 이루며 자기 삶을 살아내는 법을 아빠의 유산을 통해 배웠다. 삶의 저력이 태도와 의지에서 나온다는 가치유산을 상속받은 것이다. 그렇게 딸은 부모가 만든 가치유산의 철길을 따라 자신이 꿈꾸던 역에 도착할 수 있었다.

## 가치유산이 전해지면 명문 가문이 된다.

딸이 아빠에게 받은 유산은 쉽게 줄 수도 받을 수도 없는 그런 유산이었다. 가치유산은 아빠가 그런 삶을 살고 아이가 의미를 발견할 때 상속되는 유산인 까닭이다.

유산이라 할 만큼의 돈이라면 나도 남겨 주고 싶었다. 돈이 주는 편리함과 편안함이라면 아이도 행복하지 않을까 싶었기 때문이다. 하지만 지금은 생각이 바뀌었다. 이젠 그런 재력이 있다 해도 사랑을 유산으로 상속하고 싶기 때문이다.

이렇게 말하면 동의하기 어렵겠지만, 돈은 상속하기 가장 쉬운 유산이다. 반대로 가치유산은 정제 안 된 보석과 같아서 주기도 받기에도 쉽지 않다. 하지만 조탁해 자기 것으로 만들 수 있다면 이것보다 귀한 유산이 없다.

게다가 유산을 상속받은 아이가 다시 아이에게 상속해 준다면 가문의 유산이 되고 그런 집은 명문 가문이 된다. 명문 가문이란 아빠의 가치유산이 차고 넘치는 집안인 것이다.

중년의 아저씨가 진품 감별을 위해 고문서를 가져왔다. 딱 봐도 아주 오래돼 보이는 문서는 할아버지의 할아버지 때부터 전해진 것이었다. 이 문서를 아저씨는 가보로 생각한다며 자랑스럽게 말했다. 감별사가 이곳저곳을 보더니 드디어 결과를 발표했다. 이건 아주 오래된 노비 문서입니다!

세상이 말하는 유산이란 어쩌면 한순간 사라져 버릴 것들일지도 모른다. 게다가 믿고 있던 가치와 다르게 무가치한 것일 수도 있다. 하지만 아빠의 가치유산은 아이의 머리와 가슴에 남아 삶의 힘과 위로가 되어준다. 아빠는 가치유산을 남겨야 한다.

## 아빠의 유산 철학

친구에겐 많지도 않은 돈 남겨 주느니 다 쓰고 가겠다는 유산 철학이 있었다. 생각해보면 내 세대의 중심 가치는 자신의 행복이었다. 난 X세대였다.

X세대는 개별, 개인, 개성으로 요약되고 인생의 가치가 즐거움에 있는 세대다. 그래서 시간과 돈을 자신을 위해 쓰는 게 옳고 극단적으론 자신의 행복과 안전을 그 무엇보다 우선할 때도 있다.

이런 가치는 육아에도 영향을 줬다. 그래서 자신이 행복할 때 아이도 행복할 수 있다고 믿었다. 하지만 참 맞으면서 또 틀린 말이라 생각한다.

우리 대부분은 육아와 자신을 분리하려고 노력한다. 왜일까? 더 행복하기 위해서다. 육아하지 않았다면 자기 꿈을 위해 시간과 에너지를 썼을 테고 더 행복하지 않았을까? 생각한다.

하지만 안타깝게도 자기 꿈과 육아라는 양립할 수 없는 두 관점에선 아빠도 아이도 행복할 수 없다. 부모는 아이가 행복할 때 자신도 행복한 사람이기 때문이다.

내 것을 포기하면 결국엔 나도 불행하지 않지 않을까요? 한 엄마가 말했다. 육아에 대한 오해는 육아를 기회비용으로 생각한다는 점에 있다. 육아로 인한 포기는 기회비용이 아니다. 이것은 아직 신분의 변화를 완전히 이루지 못한 사람의 관점일 뿐이다.

육아는 기존의 관점과 가치를 뛰어넘는 일이다. 달리 말하면 자신에게만 집중된 모든 것을 다른 사람에게 돌릴 때 육아가 주는 의미가 가치를 체험하게 된다.

돌아보면 웰빙을 시작으로 욜로나 소확행, 딩크족과 파이어족까지 시대를 대표했던 단어만 봐도 자기 삶이 최우선인 시대에 사는 듯 하다. 게다가 MZ세대의 가장 중요한 가치도 개인의 행복인 걸 보면 사람은 점점 더 많이 자신에게 집중하며 사는 것 같다.

턱걸이긴 하지만 MZ세대의 나이 구간에 따르면 나도 MZ에

속한다. 그래서일까? 자신을 우선하는 분위기가 낯설지 않다. 하지만 난 MZ세대가 아닌 게 분명하다. 그들의 태도와 가치에 이질감을 느끼고 있기 때문이다. 무엇보다 자신을 중요하게 생각하는 출발점이 다른 것 같다.

MZ세대와 다르게 자신의 행복이 우선이고 중요하다는 뿌리엔 어떤 반감이 존재한다. 자신을 위해 쓸 줄 모르는 세대. 자식을 향한 희생이 당연한 세대. 바로 우리 부모 세대를 향한 반항 섞인 선택과 행동이 자기 행복을 우선하는 모양으로 나타났다고 생각한다. 물론, 부모의 삶을 존중하고 존경한다. 하지만 내 부모처럼 살진 않겠다는 생각이 강했던 것 같다.

하지만 결혼하고 아빠가 되고 보니 부모도 자신을 위해 쓰면 좋고 편리와 편안함을 너무도 잘 아는 평범한 사람이란 걸 새삼 깨달았다.

부모는 풍족하지 않은 생활에서도 자신보다 자식을 먼저 챙겼다. 이것이 당신이 할 수 있는 사랑의 모습이었기 때문이다. 사랑했기에 묻지도 따지지도 않고 기꺼이 자신의 모든 걸 준 것이다.

어릴 적 엄마는 주로 일을 다니셨다. 식당일을 마치고 돌아온 엄마에게 엄마, 나 학교 준비물하고 책 사야 돼! 하자 엄마는 4만 원을 건냈다. 이후에 알고 보니 그 돈은 엄마의 하루 일당이었다. 나의 부모 세대는 힘들 게 일한 하루 일 당쯤은 쉽게 줘도 모자랄 그런 사람들이었다. 이런 부모의 마음을 지금에야 알게 됐으니 다행스럽기도 안타깝기도 하다.

## 우리에겐 내리사랑이란 유산이 있다.

영어 Heritage는 앞 세대가 물려준 유형의 재산과 함께 무형의 가치를 포함한다. 이 유산을 우리 말로 한다면 내리사랑이 아닌가 싶다. 앞 세대와 더 앞 세대를 걸쳐 정과 마음으로 전해 준 가치가 바로 내리사랑이다. 어쩌면 자신에게만 집중된 세상에서라면 더 필요한 가치가 이 내리사랑이 아닐까 생각한다.

돈을 기준으로 삼으면 우리 대부분은 흙수저를 벗어나기 어렵지만, 부모에게 받은 사랑을 기준 삼으면 우리만큼 금수저들이 없다. 그래서 아이에게 돈만 물려주면 흙수저를 벗어나지 못할 수도 있지만, 사랑을 유산으로 남기면 아이가 찐 금수저가 되는 것이다.

아빠에게 전화한 딸이 물었다. 아빠, 난 아빠에게 어떤 딸이야? 아빠는 사랑하는 소중한 딸이라 답했다. 딸은 울먹이며 자길 키우며 힘들지 않았어? 다시 물었다. 아빠는 항상 행복했다고 많이 사랑한다고 답했다. 어쩌면 세상에 찌든 우리에게 내리사랑은 과분한 사랑일지도 모른다.

부모의 조건 없는 사랑은 고달픈 현실에서도 다시 일어날 힘을 준다. 이 사실을 알고 있는 아빠라면 어떻게든 그 사랑을 주려고 할 것이다. 살다가 실패하고 넘어져도 다시 일어서는 힘은 믿어주고 옆에 있어 주는 아빠의 사랑에서 나온다.

## 사랑받고 자라면 그렇게 티가 난다.

요즘 아이는 혼을 내면 자길 사랑하냐고 묻는다. 그럼 아이가 이해하든 못하든 야단맞는 이유와 아빠가 어떻게 얼마나 사랑지 설명해 준다.

혼날 행동을 해서 혼나는 것이고 이것과 별개로 아빠는 널 있는 그대로 사랑한다고 꼭 집어 말해준다. 그러면 아이는 알듯 모를 듯한 표정을 지으며 네 하고 답한다.

육아를 통해 아이는 존재 자체로서 인정받고 사랑받는 경험을 소유하게 된다. 조건 없는 사랑. 있는 그대로 사랑받은 이 경험이 삶의 의미와 가치를 알게 하는 것이다. 이런 의미에서 육아는 말 그대로 아이를 살리는 일이라 할 수 있다.

사랑받고 자란 사람은 티가 난다고 한다. 사람들이 말하는 그 티는 부모가 준 사랑의 흔적이다.

한 드라마에서 같은 이름을 가진 두 소녀는 서로 바뀐 성적표를 받게 된다. 다른 성적표를 보고 전교 2등이라 착각한 주인공의 엄마는 신이 났지만, 바뀐 성적표를 든 소녀의 엄마는 실망한다. 게다가 그 타이밍에 이혼 소식까지 전한다.

성적표가 바뀐 걸 알게 된 주인공과 엄마는 제 주인을 찾아 소녀의 집으로 온다. 그리고 실망한 표정으로 진짜 자기 성적표를 손에 든 주인공에게 엄마는 괜찮다며 위로한다.

집으로 가는 모녀를 보며 소녀의 독백이 이어진다. 그때 그런 예감이 들었어. 평생 너한텐 질 것 같다는 사랑받고 큰 애들은 내가 어떻게 해볼 도리가 없을 거라는.

내겐 이 대사가 꽤 인상적이었는데 달린 댓글도 비슷했다. 사랑받고 자란 애들의 구김 없는 성격이 부럽다! 행복한 가정에서 자란 애들은 그 특유의 아우라가 있어 그냥 막 친해지고 싶다! 한없이 불행해 보이던 주인공도 누군가에겐 부러움의 대상이었다는 사실에 위로받았다! 는 내용이 그랬다.

## 돈키호테 부모가 증명한 사랑의 유산

요즘 같은 때 사랑을 유산으로 주겠다 하자 사람들은 몽상가의 말쯤으로 여기는 것 같다. 부동산과 재테크, 아이의 좋은 대학만이 목표인 사람 앞에서 어, 그래서 난 사랑을 유산으로 남겨 주려고! 하는 순간 그들은 실사판 돈키호테를 본 듯한 표정을 감추지 못한다. 하다못해 청약통장이라도 만들어 주고 싶은 게 부모 마음인 걸 보면 어쩌면 당연한 반응일 것이다.

하지만 아이가 체험한 사랑은 그냥 듣기에만 좋은 말이 아니다. 그것은 살아갈 이유에 관한 것이고 생명에 관한 것이다. 이 세상 수많은 돈키호테 부모가 증명했듯 아이는 사랑의 유산으로 살고 그 힘으로 찬란한 자기 삶과 꿈을 펼친다.

## 아빠가 주는 9가지 능력

사이토 시게타는 사랑받는 사람에겐 어떤 특징이 있으며 그것 때문에 사람들이 좋아한다고 생각했다. 그래서 연구 끝에 사랑받는 사람이 갖는 아홉 가지 공통점을 발견했다.

아빠가 사랑을 주면 아이는 사랑받는 능력을 받게 된다. 그 능력이란 완고하지 않고, 무리가 없고, 무리한 요구를 하지 않으며, 기다릴 수 있고, 혼자 서도 즐길 줄 알며, 과거의 일을 잊을 수 있고, 넘어져도 다시 일어날 수 있으며, 다른 사람이 의지할 수 있는 다른 사람을 높여주는 능력이다. 바로 사랑받은 사람에게서 볼 수 있는 모습이기도 하다.

한 변호사는 아버지가 해준 말 Forget about it! 때문에 성공할 수 있었다고 고백했다. 아빠는 너의 전부를 사랑하지 네가 잘할 때만 사랑하는 게 아니야! 그러니깐 널 슬프게 하고 괴롭게 하는 건 그냥 잊어버려! 아빠는 이 말을 자주 했다고 한다.

내가 실패했어도 나를 이렇게나 사랑하고 소중히 생각하는 사람이 있다는 사실에서 딸은 큰 위로를 받았고 넘어져도 다시 일어서는 힘을 얻었다고 딸은 전했다.

아이에겐 사랑받고 있다는 확신과 존재 자체를 인정받는 경험이 꼭 필요하다. 이 사랑의 확신과 인정은 인생에서 창과 방패 같은 것이다. 부정적인 마음이나 우울함이 쳐들어올 때 사용할 무기가 되어주기 때문이다.

이런 사랑의 경험을 달리 말하면 아이가 아빠로부터 느껴야 할 안정감이라 할 수 있다. 세상 모든 문제보다 부모가 크게 느껴지면 세상은 아이의 놀이터가 된다. 아빠라는 빽이 있기 때문이다. 부모의 사랑은 안정감이란 보호막을 입혀주는 것 같다.

세계에서 가장 창의적이란 G사의 팀 가운데 최상의 성과는 어떤 팀에서 나왔을까? 또, 어떤 특징을 가지고 있을까? 한 연구자는 심리적 안정감이 높은 팀에서 그런 결과가 나왔다고 전했다.

어떤 실수에도 탓하지 않고, 어떤 성과를 냈어도 시기 질투하지 않으며 온전히 나의 편이 되어주는 가족처럼 편안한 분위기. 여기서 사람들은 최고의 성과를 낼 수 있었다.

창의적인 아이에겐 심리적 안정감이 있다고 한다. 아빠는 아이에게 안정감을 주는 사람이어야 한다. 그럴 때 아이의 천재성이 빛나게 된다.

모험 가득한 세상에서 아이의 도전은 수없이 실패하고 좌절할 게 분명하다. 하지만 사랑의 경험과 심리적 안정감이 있다면 다시 도전할 수 있다. 실패와 좌절을 과정으로 여기고 배울 점을 찾는 해석 능력을 갖게 되는 것이다.

아빠가 매일 사랑을 표현하고 일관성 있게 육아하면 사랑의 유산을 남기게 된다. 사랑의 흔적이 아이에게 굵고 깊게 새겨질수록 아이는 두렵지만 앞으로 나갈 수 있는 용기를 갖게 된다.

아빠는 치열하게 육아해야 한다. 아이를 사랑한다면 그렇게 육아할 수밖에 없다. 그렇게 안 하고 안 되는 이유는 한 가지뿐이다. 간절하지 않기 때문이다.

# 부자 아빠 vs 가난한 아빠 ──────
────── 부모의 속마음이 키우는 아이의 속마음

## 부모는 아이의 절대적 환경이다.

넌 알고 있니~ 난 말이야~ OST 첫 소절만 들어도 가슴이 뛰던 파리의 연인을 참 재미있게 봤었다. 자동차회사 사장과 영화감독을 꿈꾸는 여주인공이란 설정만 봐도 뻔한 로맨스지만, 평균 시청률 41%라는 대기록을 세운 드라마이기도 하다.

아마도 파리라는 낭만적인 배경과 풍성한 닭살 멘트, 주인공이 가진 출생의 비밀이 손발 오글거리면서도 보게 만드는 드라마 속 공식이 아닌가 싶다.

극 중 대사도 유행했었다. 아기야, 가자! 저 남자가 내 애인이다. 왜 말을 못 하냐고! 여기 너 있다! 주옥같은 대사를 많이도 따라 했다. 하지만 내겐 그런 대사보다 형을 삼촌이라 부르던 다른 주인공의 말이 기억난다.

여주인공이 그럼 너도 부자겠네? 묻는 말에 난 부자 아니야! 우리 할아버지랑 형이 부자지! 했던 장면이다. 여기에 감정이입이 돼서는 참네, 할아버지 부자가 진짜 부자라던데! 수혁아, 배부른 소리 좀 하지 마! 혼잣말이 나왔었다. 지금 생각해보면 그 말속엔 약간의 부러움과 강한 질투심이 섞여 있었다. 부자는 행복할 거야! 그런 생각을 했던 것이다.

그런데 아이에게 절대적일 것 같은 부모의 환경이란 남들보다 많이 가지고 좋은 것으로 둘러싸인 것이 아니라 부모 자체라는 걸 알게 됐다. 지금 아이에겐 가진 것과 상관없이 아빠가 세계고 우주인 것이다.

하지만 부모는 그렇지 못하다. 속보단 겉이 부자이길 원하기 때문이다. 그래서 자유롭고 부담 없이 아이에게 뭔가를 사줄 수 있고 해줄 수 있는 부모고 싶다. 그러면서 한편으론 부자의 육아는 좀 더 쉽고 수월하지 않을까? 상상하기도 한다.

아마도 부자 부모를 만난 아이는 괜찮은 의식주 안에서 건강하게 성장할 수 있을 것이다. 하지만 그게 전부라고는 할 수 있을까? 난 그렇다고 말할 수 없을 것 같다. 더군다나 돈이 많다고 더 쉬운 부모 역할도 아닐 것이다. 조금 편할 순 있어도 육아는 결코 쉬운 일이 될 순 없다. 세상에 쉽고 편한 육아는 존재하지 않기 때문이다.

부모의 통장 잔액은 아이의 인성이나 성품과는 관계없다. 아이의 내면은 부모의 내면과 관계있고 아이의 속마음은 부모의 속마음이 키우기 때문이다.

부모가 주고 아이가 받아야 할 사랑의 총량이 있다면 그건 부자 부모나 가난한 부모 누구에게나 같은 무게다. 육아가 주는 심리적 부담과 스트레스, 부정적인 감정의 총량도 그렇다. 아이에겐 부모 자체가 내적이고 외적인 환경이다. 부모 자체가 아이의 절대적 환경인 것이다.

## 부모의 내면과 아이의 내면은 닮는다.

아이의 내면은 부모의 재력이 아니라 부모의 내면이 키운다. 부모가 머리와 가슴에 담고 있는 생각과 신념이 아이가 자라는 곳곳에 흔적을 남기기 때문이다.

한 그룹의 아이들에게 늘 바빠서 함께 할 수 없지만, 부자인 부모와 시간이 많아 함께 놀 수 있지만, 가난한 부모 중 어떤 부모를 선택할 것인지 질문했다. 놀랍게도 모든 아이가 부자 부모를 택했다.

이렇게 답한 아이들은 아빠의 가치유산에 대해 한 번도 들어보지 못한 게 분명했다. 아니면 부모의 사랑을 전혀 모르거나 경험하지 못했을지도 모른다.

그런데 아이들의 이런 선택은 그들의 선택이 아니다. 오히려 부모의 선택일 가능성이 크기 때문이다. 정확히는 부모의 어릴 적 선택과 무관하지 않다.

아마도 부모는 말과 행동으로 아이에게 들려주고 보여주었을 것이다. 어쩌면 돈이 행복이고 자유라 말했을지도 모른다. 아이는 그저 부모가 알려준 대로 그 가치를 따라 선택한 것이다.

아이는 부모가 가진 내면의 가치와 사랑을 따라 성장한다. 나중에야 질풍노도의 시기를 지나며 자기 생각을 말하고 자기 신념을 따라 살겠지만, 언제나 베이스는 부모의 내면일 수밖에 없다.

2020년 대한민국 부자 보고서에 따르면 부자의 기준은 자산 100억이며 2021년 그 숫자가 39만 3천 명이었다고 한다. 이 기준과 숫자를 보자니 넌 부자는 아니야! 아니, 될 수 없어 확인받은 것 같다.

하지만 이런 객관적인 사실보다 우린 옆 사람이 보이는 것 같다. 그래서 나보다 더 가진 누군가 때문에 박탈감을 느낀다. 내 행복의 기준이 옆 사람이면 그 행복은 무척이나 유한하고 짧디 짧다. 저 정도의 삶 보다 내 삶이 났다고 착각한 순간 우린 그렇게 속물이 되어 가는 것이다.

심지어 이런 착각은 육아에서도 벌어진다. 저 부모가 밀고 가는 유모차가 뭔지, 먹이는 분유와 분유통은 어느 나라 것인지, 어떤 조리원을 이용했는지에 관심이 많다. 아니면 보면 배 아프니깐 무관심해 한다.

하지만 아이의 내면은 외적인 조건이 아니라 부모의 내면에 반응한다. 게다가 부유한 성장배경이 반드시 좋은 성장배경이라고도 할 순 없다.

## 부자병에 걸린 아이

미국은 주마다 운전할 수 있는 나이가 다르지만, 보통 16세가 되면 운전면허를 발급받는다. 한 소년도 그때쯤 운전면허를 받았다. 그런데 이 운전면허가 살인면허가 되는 사고가 생겼다. 음주운전으로 4명을 사망에 이르게 한 것이다.

사람들은 소년에게 죄에 상응하는 벌을 기대했다. 특히, 음주운전은 더욱 그래야 한다고 생각했다. 하지만 소년은 고작 보호관찰 10년을 선고받고 풀려났다.

판결의 배경엔 변호사의 그럴듯한 변호가 있었다. 바로 부유한 가정에서 태어난 탓에 절제를 모르고 타인의 삶에 대한 존중이 부족해 생긴 부자병(affluenza)이 판결에 영향을 준 것이다. 말이 안 되는 주장을 받아들인 것에 사람들은 유전 무죄를 떠올렸다.

판결 초기 사람들은 소년을 욕했다. 그런데 시간이 흐르며 정작 비난받아야 할 사람은 소년이 아니라 부모란 걸 알게 됐다. 잘못한 아들을 무조건 감싸기만 하는 부모의 모습에서 잘못된 양육이 문제였다는 걸 알게 된 것이다.

소년의 부모가 주었을 관심과 사랑은 뭐였을까? 아마도 여느 부모들처럼 소년의 부모도 자신들의 생각과 신념을 아이 삶 곳곳에 흔적으로 남겼을 것이다.

소년의 범죄는 우연이 아니라 차곡차곡 쌓아 만들어진 결과물이었다. 성장하며 저지른 크고 작은 몹쓸 짓에 부모는 눈을 감았고 바늘 도둑이 소도둑으로 변하는 불편한 진실을 외면했다.

아이는 부모의 삶을 따라 자란다. 독립 후엔 어떤 길로 가는지 몰라도 그렇게 될 수밖에 없다. 하다못해 부모의 말과 행동을 모방하고 따라 하는 아이인 걸 보더라도 부정할 수 없는 사실이다. 아빠가 화났을 때 아놔, 젠장 하는 말을 언제 들었는지 아이는 잘 되지도 않는 발음으로 아이나, 쥬이자앙 해서 아차! 싶기도 했다.

흔히 아이가 어른의 거울이란 말은 비유적 표현이 아니라 어른들의 결과물이다. 부모의 말과 행동을 따라 하는 거울 신경세포가 그런 결과물로 아이를 이끈 것이다.

나를 따라 하는 아이를 보며 최소한 아이 앞에선 싸우지 않기로 아내와 약속했다. 결심한 대로 살 수 있을까 싶지만, 그래도 아이 앞에선 언성을 높이거나 죽일 듯 싸우지 말자고 약속했다. 지금도 내가 쓰는 단어와 행동을 아이는 샘플링하고 모델링하고 있다. 아빠는 언행을 삼가야 한다.

## 어깨빵이 보여준 부모의 내면

주변에 제법 큰 놀이터가 있는데 피크닉 공간이 있어 인기가 많다. 주말 오전 벌써 사람들로 가득한 곳에 우리도 자리를 잡았다.

모든 아이가 가장 높은 미끄럼틀을 향해 오르는 걸 보고 나도 아이 손을 잡고 이어진 행렬에 올랐다. 그런데 우리 속도가 느린지 다람쥐처럼 날쌘 아이들이 내 어깨를 치며 앞질러 갔다. 조금 화도 났지만, 아이가 볼세라 한마디 못하고 꾹 참으며 정상으로 향했다.

그런데 한 아이가 뒤에서 날 콕콕 찌르더니 아주 공손한 손짓과 눈빛으로 저기, 아저씨 실례지만 옆으로 좀 지나가도 될까요? 간곡히 요청했다. 어, 지나가! 느리게 가서 미안해!

말없이 어깨빵을 날렸던 아이들과 이 아이를 비교하지 않을 수 없었다. 대체 뭐가 다른 걸까? 이내 아이 부모 모습이 눈에 선했다. 남은 계단을 오르며 우리보다 늦은 아이에게 나도 정중하지 않을 수 없었다.

부자병 소년을 범죄자로 만든 건 돈이 아니었다. 소년에겐 부모의 고장난 생각과 가치관과 사랑이 있었다. 부모는 아이가 하는 모든 행동의 시작과 끝이며 원인이고 결과다. 그래서 세상 어려운 역할이 부모며 이 치열한 삶이 부모의 운명인 것이다.

## 세상에서 바꿀 수 있는 건 자기 마음뿐이다.

아이에게 부모의 사랑과 관심이 중요하다는 것엔 이견이 없을 것이다. 한국인 최초로 로즈 장학금을 받은 박 씨의 인생에서도 부모님은 성공에 원인이고 결과였다.

로즈 장학금이 어떤 장학금인가? 매년 영국 옥스퍼드 대학에서는 전 세계 학생을 대상으로 약 90명을 선발해 이 장학금을 준다. 빌 클린턴 전 미국 대통령과 토니 블레어 전 영국 총리도 이 장학금을 받은 학생인 걸 보면 대충 얼마나 대단한 명예인지 알 것 같다.

박 씨 부모님은 2003년에 이민 길에 올랐다. 도착 후 사기를 당해 한순간 불법체류자 신분이 됐지만, 아들 때문에 한국으로 돌아가지 않고 아빠는 일식집에서 엄마는 미용실에서 생각지도 못한 인생 2막을 시작했다.

이런 부모의 노력을 알았는지 아이도 열심히 공부해 하버드를 거쳐 로즈 장학생까지 되었다. 박 씨가 말하길 내가 잘나고 똑똑해서가 아니라 모든 게 좋은 부모님을 만나 가능했다고 고백했다.

그는 엄마가 자기와 항상 대화하려고 노력했던 모습이 기억난다고 했다. 그의 엄마도 아이의 관심사가 무엇인지 늘 궁금해하며 대화하려고 노력했다고 한다.

그런데 아이를 어떻게 교육했냐는 질문에 엄마는 뜻밖의 말을 했다. 더 좋은 세상으로의 변화는 바로 부모로부터 시작됩니다! 하버드에 보낸 세 가지 방법, 명문대에 보낸 엄마가 절대로 하지 않는 것과 해야 할 것이 아니라 엄마는 부모의 변화를 말하고 있었다.

내 아이의 속마음은 지금 어떤 상태일까? 알 수 없지만, 좋은 변화를 시작하고 싶다면 답은 정해져 있다. 바로 아빠가 달라져야 가능하다는 사실이다. 세상에 바꿔야 할 게 있다면 또, 바꿀 수 있는 게 있다면 그건 아빠의 마음뿐이다.

# 한 번도 모두의 아이를 갖지 못한 사회 ——— 노키즈존의 존재 이유

## 커플이 자리를 옮긴 이유

친구와 저녁 약속 장소로 예약한 스테이크집이 난 솔직히 별로다. 최고인 줄 알았던 토마호크가 소아용 도끼인 걸 알게 된 후론 약간의 배신감마저 느끼고 있다. 하지만 아이와 함께할 때 이만한 장소가 없고 거리도 가까워 다시 예약하고 말았다.

아이가 걷고 옹알이를 시작하면서 식사 장소를 알아보는 기준이 달라졌다. 얼마나 핫 한곳인가 보다 아이 출입 가능 여부와 이동 시간을 가장 우선한다.

하지만 이렇게 신경 써도 대부분 여유 있는 식사는 어렵고 오가며 체력은 바닥나기 일쑤다. 게다가 오늘은 비슷한 개월 수 둘의 콜라보가 예정돼 있어 평소보다 고전할 게 분명했다.

주말 교통체증을 뚫고 약속 장소에 도착했다. 우리가 왔음을 알리자 명랑한 서버가 우릴 반겼다. 앉자마자 이야기꽃을 피우고 분위기 파악을 끝낸 아이들도 슬슬 본색을 드러내기 시작했다.

아이들은 기이한 몸동작으로 의자에서 벗어나고 싶어 안달하다가 웃고 울기를 반복하며 온갖 정신을 빼놓기 시작했다. 하지만 고기에 진심인 우리에겐 익숙한 상황일 뿐이었다. 게다가 주위 테이블도 비어 있어 마음이 편했다.

그런데 우릴 안내했던 명랑 서버가 건너편 테이블로 다른 팀을 안내했다. 부모님과 함께 온 젊은 커플은 자리에 앉아 메뉴판을 보면서도 주위를 계속 두리번거렸다. 그리곤 명랑 서버를 불러 우리와 멀리 떨어진 다른 테이블로 옮겨갔다.

그 모습을 보는데 이상하게 기분이 상하기 시작했다. 사실 자리를 옮겨야 했던 이유를 난 알고 있었다. 오랜만에 외식인데 옹알이 콘서트 직관석이라면 나 같아도 자릴 옮겼을 게 분명했기 때문이다.

하지만 우리가 고성방가한 것도 아니고 꼭 저렇게 싫은 티를 내야 하냐며 혼자만의 원망이 튀어나왔다. 이미 그 원망은 부당함과 차별과 무시가 섞인 생각에까지 닿아 있었다.

미간이 좁아진 얼굴을 읽은 아내가 오빠, 나도 젊었을 땐 저랬어! 신경 쓰지 마! 위로했다. 하지만 이미 올라간 분노 게이지가 내려오려면 시간이 좀 걸릴 것 같았다.

## 노키즈존은 누구를 위한 것일까?

이런 상황 때문에 어른들은 노키즈존을 운영하는 것 같다. 알다시피 노키즈존은 사업자가 이런저런 이유로 아이의 출입을 통제하고 금지하는 곳이다.

아이가 없는 손님도 민폐가 걱정인 부모도 노키즈존이라면 모두가 행복하다. 하지만 세상에 없어져야 할 수많은 차별 가운데서도 이 노키즈존은 우선순위에 들어야 한다고 생각한다.

이 노키즈존이란 문구를 볼 때마다 눈엔 차별이란 단어가 선명하게 겹쳐 보인다. 아무렇지도 않게 한 사람을 제한하고 차별해도 되나? 싶어 사실 무섭게 느껴질 때도 있다.

만약, 아이들이 어른처럼 말할 수 있다면 과연 가만히 있을까? 왜 인권을 무시하냐는 아이의 말에 당당할 수 있는 어른이 있을까?

하지만 어른들은 아이들의 방해가 싫고 매출에도 영향을 주기 때문에 노키즈존을 만들었다. 안전사고의 원인을 원천봉쇄할 수 있다는 것도 그 이유 중 하나였다.

좋은 분위기를 기대하고 몇 시간을 달려 도착했는데 야단법석 분위기와 우는 소리가 여기저기서 들린다면 아, 잘못 왔구나! 싶어질 게 분명하다.

거기다 그런 아이를 그냥 놔두는 부모를 보면서 노키즈존 예찬론자도 하나둘 느는 것 같다. 손님은 손님대로 사장님은 사장님대로 나름의 이유와 사정으로 존재하는 노키즈존이다.

노키즈존의 존재 이유와 상황은 이해할 만하지만, 사실 노키즈존 운영 대부분은 어른들의 이기주의 때문이며 아이들의 소리와 행동을 참아줄 여유가 없기 때문이라 생각한다.

하지만 인간의 기본권, 차별받지 않을 권리, 평등권 침해 등을 따져봐도 노키즈존의 존재는 받아들이기 어렵다. 인격이 무시당하는데 정당한 이유가 존재한다는 것 자체가 사실 아이러니이기 때문이다.

어른들은 편의와 편리를 위해 또, 돈이 들어간 사업체의 경영과 수익을 위해 노키즈존을 만들었다. 하지만 아주 쉽고 가볍게 한 사람의 인권을 짓밟고 있다는 생각은 전혀 하지 못하고 있다. 아니면 불편한 진실을 외면하고 있는지도 모르겠다. 노키즈존은 어른들이 자연스럽게 인정해 버린 인권의 킬존이다.

삼대가 덕을 쌓아야 예약할 수 있다는 캠핑장을 열심히 찾아 예약 직전까지 갔는데 노키즈존이란 말을 듣고 잘 못 했으면 삼대가 덕을 쌓아 인격을 무시하는데 돈과 시간을 낭비할 번 했었다.

노키즈존은 아이들뿐 아니라 부모의 인권도 침해한다. 애써 찾아간 카페가 노키즈존이면 어려운 욕을 찾아 퍼붓고 싶어진다. 함께 출입금지 당하는 부모는 무슨 죄인 걸까?

## 내 아이가 혼나고 있을 때 아빠의 반응은?

노키즈존이 존재하는 다른 이유도 있다. 바로 다른 어른이 내 아이에게 훈계하는 모습을 참지 못하기 때문이다. 다른 어른의 지도가 가능하고 아이가 통제된다면 굳이 노키즈존을 만들 이유가 없을지도 모른다.

하지만 우린 자기 아이를 통제하는 다른 어른의 제제를 참지 못한다. 용기 내서 한마디 했다가는 당장에 어른 싸움으로 번지기에 함부로 말할 수도 없는 즘이다. 이런 면만 본다면 우리 사회는 신뢰 사회가 아닌 게 분명하다.

만약, 다른 어른의 통제를 고맙게 받아들이고 아이를 위한 것으로 생각할 수 있다면 어떨까? 이것이 노키즈존을 없애고 경영 이익도 지킬 방법은 아닐까?

마트에서 난리 치며 뛰던 아이가 한 여성과 부딪혔다. 여성은 굳은 표정으로 아니! 이런 데서 앞도 보지 않고 막 뛰면 어떻게 하니! 센소리로 혼을 냈다. 그런데 이 소리를 듣고 아이 엄마가 나타나선 아니, 애가 그럴 수도 있죠! 어이없다는 표정으로 받아쳤다.

엄마의 말에 여성은 네, 맞아요. 애가 그럴 수도 있죠! 근데 네가 그러면 안 되지! 했다. 그다음은 상상이 안 가지만, 뛰는 아이에게 한소리 하려면 이 정도 각오는 필요한 세상인 것 같다.

하지만 만약, 아이 엄마가 여성의 훈계를 인정했다면 어땠을까? 차분히 아이를 보며 어른 말씀 들어야지. 공공장소에선 다른 사람에게 피해 주는 행동은 안 돼! 여긴 우리 집도 아니잖아! 설명했다면 아이는 뭔가를 배웠을지도 모른다.

## 다른 어른에 대한 믿음이 있다면 가능하다.

덴마크에선 공공장소에서 소란스러운 아이에게 누군가 조용해! 혼을 내도 어른 싸움으로 번지지 않는다고 한다. 남의 아이를 혼내는 게 가능한 이유를 한 덴마크 사람은 신뢰를 바탕에 둔 문화에서 찾았다.

내 아이를 혼내는 그 사람에 대한 믿음이 있다면 훈계를 인정할 수 있다는 것이다. 아마도 훈계하는 어른도 화풀이로 내뱉는 말이 아니라 아이를 아끼는 마음일 때 가능한 상황일 것이다.

요즘엔 합리적 이유 없이 성별, 장애, 병력, 나이, 성적 지향성,

출신 국가, 민족, 인종, 피부색, 언어 등을 이유로 차별받지 않도록 하는 차별금지법이란 법률이 이야기되고 있다. 이런 법까지 논의되는 사회에서 우리는 노키즈존을 너무도 착하게 지키며 사는 것 같다.

차별금지법뿐만 아니라 동물권까지 챙기는 사회 수준에서 노키즈존의 존재는 아이러니하지 않을 수 없다. 아이는 키즈 이전에 한 사람이고 인격체란 엄연한 사실을 어른들은 기억해야 한다.

아니, 애들한테 뭐라 하는 게 아니라 통제 못 하는 부모가 문제라는 겁니다! 음식점에서 뛰다 뜨거운 걸 엎기라도 하면 그 책임은 누가 질 거예요?

참 맞는 말이다. 사고가 날 수 있으므로 조심 또 조심해야 한다. 하지만 사고나 책임의 문제 이전에 한 사람의 인격과 인권에 관한 문제가 노키즈존이 풀어야 할 숙제라 생각한다.

## 내 아이가 모두의 아이가 되는 것을 허락한다.

이름도 긴 타게 프리티오프 에르란데르는 스웨덴의 보편 복지를 완성한 정치가로 육아, 의료, 교육, 주거 복지정책을 주도한 인물이다. 그는 이런 생활 속 문제가 사람들의 발목을 잡지 않아야,

한 개인과 한 나라가 최대한 성장할 수 있다는 정치신념으로 일했다.

그중 아동수당 연금에 대한 슬로건이 인상적인데 모든 아이는 모두의 아이란 표현이다. 모든 아이가 모두의 아이가 된다면 노키즈존은 사라질 수 있을까? 그럴 수도 있다고 생각한다.

지금 카페에서 울고불고하는 아이가 모두의 아이라면 그렇게 인상 쓰며 쳐다볼 필요도 없고 때로 다른 어른의 훈계에도 감사할 수 있을지도 모른다.

아마도 이런 상황이 가능해지려면 먼저 내 아이를 모두의 아이로 내려놔야 할 것이다. 내 아이가 모두의 아이가 되고 다른 아이가 내 아이처럼 느껴질 때 육아, 교육, 학교에도 좋은 변화가 일어날 수 있을 것이다.

## 대형마트에선 온누리상품권을 받지 않는다.
### —— 내 마음의 의자에서 내려올 때 육아는 시작된다.


### 아빠, 저 사실 고기파예요!


고기에 진심인 아빠라 그런지 아이도 생선 만날 기회가 별로 없다. 그런데 오늘따라 라디오에서 들려오는 DHA와 EPA라는 단어가 우릴 마트로 이끌었다. 방송에서 어떤 식자재가 몸에 좋다고 하면 마트마다 동이 난다고 하던데 그 심리를 조금 알 것 같다.

요즘엔 전자레인지 몇 분이면 고등어, 삼치, 연어, 꽁치 할 것 없이 손쉽게 먹일 수 있지만, 그래도 아이 먹는 건데 싶어 생물을 사 보기로 했다.

한여름 더위를 뚫고 도착한 마트엔 생각보다 다양한 종류의 생선이 얼음 위에 누워 있었다. 하지만 오는 내내 마음에 품었던 갈치가 눈에 보이질 않는다.

사실 DHA와 EPA를 생각하면 등푸른생선을 사야겠지만, 내 생선 레벨엔 갈치가 딱이다. 이럴 줄 알았으면 처음부터 대형 마트로 가는 건데 생각 없이 나온 게 후회됐다.

평소 같으면 구시렁대며 집에 갔겠지만, 기왕 마음먹고 나온 거 꾸역꾸역 차를 몰아 다른 큰 마트에 도착했다. 그런데 아이를 유모차에 태워 입구에 도착해서야 아이 옷이 눈에 들어왔다.

에어컨 바람으로 고생했던 기억이 있어 조금 망설여졌지만, 에라 모르겠다! 수산코너로 뛰었다. 오늘따라 멀게만 느껴지는 수산 쪽 매대로 가는 길이 개마고원을 지나 시베리아 온 것처럼 멀고 차가웠다.

얼마 되지도 않았는데 아이가 칭얼대는 걸 보니 추운 게 분명했다. 그렇게 도착한 매대에서 상태는 보지도 않고 갈치 팩 하나를 집어 다시 계산 줄로 뛰었다.

아이 소리에 앞에 선 할머니가 뒤돌아보더니 아이에게 아는 척을 했다. 그러다 나와 눈이 마주친 아이의 눈에선 아빠, 굳이 갈치 안 먹어도 되는데 나도 사실 고기 파예요! 하는 원망이 보였다.

언 듯 봐도 할머니 카트엔 요구르트 한 팩, 게맛살 한 개, 우유한 개뿐이라 그나마 오래 기다리지 않겠다 싶었다. 이내 할머니 물건의 바코드가 찍히기 시작했다.

예! 고객님, 8,200원입니다! 캐셔의 낭랑한 소리에 할머니가 주섬주섬 흰 봉투를 꺼내 빳빳한 온누리상품권 2장을 내밀었다. 아. 고객님 온누리상품권은 받지 않는데요! 그래요? 어쩌지? 이거밖에 없는데! 그럼 안 사실 거지요?

순간 당황한 할머니와 리턴 바구니에 물건을 담는 캐셔의 얼굴이 상반돼 보였다. 그렇게 빈손으로 계산대를 빠져나간 할머니는 우리를 한번 보더니 느릿한 걸음으로 매장을 빠져나갔다.

## 배려 없으므로 끝나버린 생선구입의 전말

상황이 정리되고 아이와 함께 주차장으로 내려왔다. 그런데 조금 전 할머니 모습이 계속 눈에 아른거리며 뭔가 안타깝고 아쉬웠다. 그러다 아, 그냥 내가 계산해 줄걸! 싶었다.

왜 그렇게 여유가 없었는지 모르겠다며 후회가 몰려왔다. 금액도 얼마 안 되고 할머니가 미안해하면 온누리상품권을 대신 받으면 됐을 것이다. 할머니를 배려하지 못했다는 불편함이 금세 기분을 가라앉게 했다.

내가 느낀 불편함은 배려할 수 있는 타이밍을 놓쳤다는 아쉬움이었다. 칭얼대는 아이 때문에 여유가 없긴 했어도 충분히 가능한 행동이었는데 아이 때문에 어쩔 수 없었어! 라며 합리화한 내 모습을 발견한 것이다.

평소 배려 없는 사람을 보며 스스로 시야를 좁힌 사람이라 생각했는데 그런 사람이 조금 전 나였다. 생선으로 시작해 배려 없으므로 끝나버린 생선구입의 전말을 아이에게 설명해야 한다면 난 뭐라 할 수 있을까? 아빠가 할머니 대신 계산해 주려고는 했어! 정말, 그런 마음이었어! 하지만 그런 마음의 소리를 배려라 할 순 없을 것 같았다.

## 부모는 그들이 삶만큼 아이를 안내할 수 있다.

아이에게 배려를 가르치고 싶다면 아빠가 배려의 삶을 살아야 한다. 배려하라는 말보다 아빠가 하는 배려를 보고 아이가 배우기 때문이다.

부모가 아이에겐 살아있는 교과서다. 그래서 아빠가 되고 내심 좋은 말과 바른말만 해줘야지 싶었다. 하지만 아빠가 그렇게 살지 않은 삶을 아이에게 강요할 순 없다는 걸 알았다. 아빠가 그렇게 살지 않은 교과서 같은 말을 아이도 받아들일 방법이 없는 것이다.

부모는 그들이 살아온 삶만큼 아이를 안내할 수 있다. 그 이상은 다른 사람의 안내를 받아야 한다. 가족, 친척, 친구, 선생님, 책, 인생의 희로애락을 통해 아이는 배우고 익히고 자기 인생길을 안내받고 개척한다.

하지만 일정 기간까지는 부모가 안내하는 길을 따라야 하는 아이다. 그래서 공부해라, 성실해라, 사랑하라는 말에 힘이 있으려면 다시금 아빠의 삶을 돌아볼 수밖에 없다.

배려 또한 그런 삶을 살지 않으면서 다른 사람을 배려하라고 할 순 없다. 그런데 배려는 단순히 도와주거나 보살펴주는 마음이 아니다. 배려엔 우리가 아는 것보다 깊은 뜻 있다.

## 배려는 내 마음의 의자에서 내려오는 것이다.

신장이식을 위해 병원을 찾은 사람은 환자와 아무런 관계가 없는 사람이었다. 라디오에서 환자 사연을 듣고 신장을 주기 위해 병원에 왔다는 말이 솔직히 믿어지지 않았다.

어떻게 그런 결심을 했는지 묻는 기자의 질문에 그 사람은 별거 아니에요! 여러분도 할 수 있어요! 답했다. 난 그저 신기한 눈으로 멍하게 쳐다볼 수밖에 없었다. 이런 행동을 배려라 할 수 있을까? 아마도 배려라는 단어로는 부족하고 벅차 보인다. 그 사람의 행동은 이타심에 가까웠다.

배려는 이타심에서 출발했다. 그래서 자기보다 다른 사람의 이익을 더 꾀하는 배려와 닮은 점이 많다. 아무런 대가 없이 신장 하나를 준 사람을 보면서 왜 어떤 사람은 다른 사람보다 배려심이 넘치며 이타적인 걸까? 궁금했다. 이걸 설명할 수 있다면 아이에게 배려에 관해 좀 더 확실한 답을 줄 수 있을 것 같았다.

한 과학자도 이타적인 사람의 행동 원인이 궁금했는지 뇌 연구를 통해 그 비밀을 찾고자 했다. 그런데 이타적인 사람의 뇌를 연구한 게 아니라 반대편에 있을 것 같은 사이코패스의 뇌에 관심을 가졌다. 그렇게 사이코패스의 뇌에서만 볼 수 있는 몇 가지 특징을 발견했다. 이를테면 사이코패스는 어려움에 부닥친 사람의 목소리, 몸짓, 표정에 둔감하고 특히, 공포의 표정을 인식하지 못한다고 한다.

공포는 뇌의 편도체라는 곳에서 담당하는데 사이코패스의 편도체는 반응성이 떨어지고 평균보다 18~20% 정도 작았다. 반대로 극도로 이타적인 사람의 뇌는 편도체가 평균보다 8% 정도 더 컸다고 한다.

이 과학자에 따르면 배려가 뇌에 달린 거구나 생각하기 쉽지만, 연구자는 배려의 행동이 뇌 때문은 아닌 것으로 결론 맺었다. 그러면서 배려가 인간 내면의 겸손에서 나오는 것 같다고 말했다. 그리고 겸손이란 자기 자신을 덜 생각하는 것이었다.

이타적인 사람은 자기가 중심에 서 있거나 다른 사람보다 더 나

은 사람이라 생각하지 않았다. 겸손을 탈자기성이라 부르는 이유
가 여기에 있다. 아이에게 배려를 가르치고 싶다면 먼저 배려의
삶을 살아야 한다고 말했지만, 정작 아빠에게 필요한 건 겸손이
아닌가 싶다.

배려는 내가 어떤 사람인데! 내 아이가 어떤 아이인데! 싶은 마
음의 의자에서 내려올 때 나오는 행동이다. 자기를 덜 생각할 때
배려가 나오고 이타적으로 행동할 수 있는 것이다.

우리가 지금 그 자리에 존재하는 이유는 누군가의 배려 때문이
다. 작은 배려가 누군가에겐 힘이 되고 위로가 되며 어떤 할머니
에겐 먹을 것과 당황스러운 상황을 해결할 기회가 될 수 있다.

육아는 배려의 마음이 행동으로 표현된 것이라 생각한다. 육아
는 아이와 아내를 배려하는 일이고 자신을 덜 생각해야 가능한
일이다. 진짜 육아는 아빠가 겸손할 때 시작된다.

# 내일 육아하면 늦으리

**아빠에겐 육아 자극이 필요하다.**

    육아를 생각하며 내 돈 내 책(내 돈 주고 내가 산 책) 또는 선물로 받았을 이 책은 미안하게도 독자가 상상한 그런 책이 아니다.

    고백하자면 이 책 속에 유용한 정보와 경험 만랩 육아기를 담고 싶었지만, 이미 그런 책들은 차고 넘쳐있다. 거기다 100명의 육아는 100가지 육아라 그 용하단 육아 팁도 뭐야! 안 되잖아! 배신감을 느끼는데 이 책 또한 그러지 말라는 보장도 없다. 그런데도 무슨 말을 하고 싶었던 걸까?

    이 책은 육아 정보보다 육아를 자극하기 위해 쓰였다. 아직도 아빠가 되지 못한 남자. 위선의 육아 중인 아빠. 육아의 삶을 살지 못하는 아빠. 육아가 뭔지 모르는 아빠. 엄마를 이해하지 못하는 아빠. 육아 때문에 자기가 사라질 것 같다는 아빠를 자극하기 위한 책이다.

## 이 멍충아! 해봤어?

비 내리는 이른 아침 평소보다 일찍 깬 아이를 달래며 내가 왜 이걸 하고 있지. 깊은 한숨과 우울감이 몰려왔다. 육아는 어린아이를 기른다는 뜻이지만, 단순히 이런 의미론 내가 겪고 있는 이 부당한 고통이 쉽사리 달래지지 않았다. 이런 상황에서 어떻게 사랑해? 어떻게 더 사랑해? 정말, 국어사전엔 육아=치열하게 사랑하는 과정이란 뜻도 적혀 있어야 할 것 같았다.

하지만 어찌 된 일인지 부모 역할을 확정받은 후로 자연스레 육아의 삶을 사는 나와 아내다. 그래! 내 부모도 그랬겠지. 이렇게 내리사랑이 반강제로 실현되나 싶었다.

현실 육아 속에서도 희망과 기쁨과 사랑을 경험하지만, 초조하고 불안하고 절망스러운 감정도 자주 경험하고 있다. 또, 채워지지 않은 공허함은 낯선 감정이었다. 이런 부정적인 감정이 폭발할 때면 곧잘 한 단어로 향했는데 바로 포기란 단어다. 하지만 육아에서 포기는 금기어고 불가능한 단어였다. 포기 대신 이 생경한 고단함을 고상함으로 바꿔 줄 그 무엇이 내겐 절실했다.

드디어 육퇴 후 넷플릭스나 보자며 로그인했더니 화면에서도 육아 장면이 나왔다. 그런데 사람이 아닌 안드로이드 로봇이 육아 중이었다. 순간, 요상한 희망으로 입꼬리가 올라갔다. 그래! 요즘이 어떤 세상인데 나중엔 먹이고, 씻기고, 재우는 건 육아 로봇이 하면 할 거야!

육아 프로토콜을 따라 움직이는 로봇이 매일 실수하고 잊어버리는 나보다 분명 나을 것 같았다. 그러다 어린아이를 기른다는 뜻의 육아라는 단어 속에 얼마나 많은 의미가 담겨 있는지, 직접 해보지 않으면 몰랐을 오만가지 생각과 감정은 어쩌냐며 이 멍충아! 소리에 올라간 입꼬리가 다시 내려왔다.

그래, 로봇은 절대 알 수가 없겠구나!

맞다. 로봇도 할 수 있는 육아라면 지금, 이 개고생은 허무하고 너무했다. 육아엔 분명 뭔가 더 있다. 아니, 더 있어야 했다.

## 육아는 왜 나를 반성케 했을까?

휴직을 시작하며 어떻게 하면 내 아이를 잘 키울까? 했던 고민이 지금은 어떻게 하면 잘 사랑할 수 있을까로 변했다. 사실 육아에 대한 모든 고민은 아이를 잘 사랑하고 싶은 의지에서 출발한 것이었다.

그렇게 육아란 단어를 지우고 사랑을 넣고 보니 왜 육아가 사랑인지 어렴풋이 다가왔다. 그렇게 찾았던 육아 방법은 잘 사랑하는 방법을 알고 싶어서고 아이에게 주고 싶은 유산이나 습관도 사랑하는 마음에서 시작됐다는 걸 확인할 수 있었다.

육아는 단순히 어린아이를 기르는 행위가 아니라 아이를 사랑하는 고귀한 행위 그 자체다. 그것도 치열하게 사랑하는 과정이 바로 육아인 것이다.

좋든 싫든 내 앞에 펼쳐진 육아의 삶은 그 누구도 대신 살아 줄 수 없는 아빠의 삶이었다. 그래서 육아 중 느낄 수많은 감정과 생각도 오직 아빠 만의 것이다.

그런데 육아가 아니라 사랑하려고 했더니 이상하게 자신이 먼저 보이기 시작했다. 육아를 통해 언제 기뻐하는지 어떤 때 지랄병이 돋는지 알게 된 것이다. 거기다 과거의 자신과 만나야 하는 일은 꽤 힘든 시간이었다. 육아는 무슨 갱생 프로그램처럼 자꾸 자신을 돌아보게 했다.

난 상대를 알아야 잘 사랑할 수 있다고 생각했는데 아니었다. 아이를 잘 사랑하려면 자신을 잘 아는 것이 먼저였다. 육아는 이걸 알려주고 싶어 나를 반성하게 했는지도 모른다. 그렇게 사랑은 나를 알아야 가능한 일이었다. 육아는 자신을 알아야 받아들일 수 있는 일이었다.

육아는 아빠에게 원하는 게 한 가지가 더 있었다. 바로 아빠의 정체성이었다. 아빠라는 사람의 정체성을 주려고 육아는 아빠를 반성케 하고 정체성을 고민하게 했던 것이다.

아이가 태어나기 전 막연했던 육아 불안을 해소할 목적으로 책과 동영상을 많이 봤었다. 하지만 그런 노력에도 마음 한구석은 채워지지 않았다. 이후에 알았지만, 육아는 많이 안다고 가능한 일이 아니었다. 육아엔 아빠라는 정체성이 필요했던 것이다. 풍성한 지식보다 스스로 부모란 걸 믿는 데서 육아는 새롭게 시작됐다.

요즘엔 육아만 하려는 자신이 보이면 육아를 지우고 사랑을 넣는다. 이 책에서 육아는 사랑과 같은 단어다. 그래서 육아를 지우고 사랑을 넣으면 또 다른 의미를 발견하게 될지도 모른다.

육아를 행동에 한정시키면 기술로 끝나지만, 사랑이 되면 목적이 된다. 육아는 그럴만한 가치와 의미를 담고 있다. 그 누구도 육아 없이 자란 사람이 없는 사실이 그걸 증명한다.

아빠보단 엄마가 읽고 있을 이 책엔 아이를 잘 사랑하고 싶은 아빠의 고민이 담겨 있다. 그런데 고민만 하다 끝니면 아이를 사랑하고 싶었던 부모로 남게 된다.

사랑은 행위로 표현될 때 사랑이다. 책을 읽었는데 아, 고민만 늘었어! 각이라면 당장 책을 덮고 아이 곁으로 가야 한다. 백번 사랑해야지! 시간 나면 이렇게 할 거야! 한 결심보다 지금 사랑해 말하고 놀아주길 아이는 원한다. 부디 이 책이 육아가 사랑으로 고민이 행위로 옮겨 갈 때 디딜 수 있는 돌 하나쯤 되길 소망한다.

## 아빠는 사실 육아가 싫다

초판 1쇄 발행 | 2024년 12월 17일

지은이 | 임형석
펴낸이 | 김지연
펴낸곳 | 마음세상

외주편집 | 김주섭

출판등록 | 제406-2011-000024호 (2011년 3월 7일)

ISBN | 979-11-5636-596-9 (03590)

ⓒ임형석

원고투고 | maumsesang2@nate.com
블로그 | http://blog.naver.com/maumsesang

* 값 18,200원